LOOK INTO STATA

STATA 더
친해지기

정성호

박영사

머리말

　　최근 들어 SPSS, SAS 등 타 통계패키지에 비해 Stata 프로그램 활용자들이 지속적으로 늘어나고 있다. 또한 15.0버전으로 업그레이드되면서 더욱 많은 기능이 추가되어 다양한 분석이 가능해졌다. 새롭게 분석이 가능한 기법이 추가되었음은 물론 구조방정식 기법도 더욱 정교하게 할 수 있게 되었다. 늘 독자들이 Stata를 더욱 쉽게 이해하고 더욱 친근하게 활용할 수 있기를 바라는 마음이 들었지만 차일피일 미루다보니 지금까지 미루어졌다. 미안한 마음을 지면에서나마 전한다. 내친 김에 고급통계분석기법을 주된 내용으로 집필해야겠다는 결심이 그 결실을 맺어졌다. 이 책은 기존 교재들이 다루는 패널분석 기법을 포함하여 사회과학 전반의 독자들이 자주 활용하지만 기존 교재에서 잘 다루지 않는 DID, RD, HLM 등 다양한 분석기법을 새롭게 추가하여 집필하게 되었다.

　　저자로 하여금 책을 출간할 수 있도록 허락해주신 박영사의 안종만 회장님, 좋은 책을 만들기 위해 여러모로 애써주신 편집부 배근하님 등을 비롯하여 모든 분들께 감사의 마음을 전한다.

2017.1.

저자 정성호

차 례

어떤 내용을 다루나?

어떻게 활용하나?

어떻게 구성했나?

어떤 내용을 다루나?

이 책은 총 13장으로 구성되어 있다. STATA 친해지기에서는 OLS 기법을 활용한 다양한 분석기법을 다루었다면 이 책은 패널분석을 수행하려는 독자들을 위한 내용을 다루고 있다. 따라서 STATA 친해지기보다 상대적으로 난이도가 있다. 1장에서는 패널분석을 위한 데이터 관리 등 기초통계에 관해 논의한다. 2장에서는 Pooled OLS / GLS모형에 관해 논의한다. 3장과 4장에서는 패널분석에서 가장 흔히 활용되는 고정효과모형과 확률효과모형에 대한 다양한 가정과 실제 추정방법을 논의한다. 5장에서는 PCSE에 관해 논의하고, 6장에서는 종속변수의 과거자료(예: t-1)가 설명변수로 활용될 때 분석이 가능한 동적패널모형에 대해 논의한다. 7장에서는 우리가 흔히 알고 있는 GEE(xtreg, pa) 등에 관해 논의하고, 8장에서는 패널토빗 모형(tobit)에 관해 논의한다. 9장에서는 이중차분 모형(DD)에 관해, 10장에서는 생존분석 및 콕스회귀에 관해 논의하며, 11장에서는 다차원선형모형(HLM)과 성향점수 매칭에 관해 논의한다. 12장에서는 분위회귀(QR)에 관해 논의하고, 마지막 13장에서는 회귀단절모형(RD)에 관해 논의할 것이다.

어떻게 활용하나?

본서는 패널분석을 수행하는 독자들이라면 반드시 읽고 공부해야 할 부분이다. 복잡한 패널데이터를 활용하여 분석하는 독자들이라면 다양한 추정기법들을 다룰 수 있어야 한다. 앞서 언급하였지만 이론과 실습의 병행은 그야말로 자신만의 철옹성을 구축할 수 있는 계기가 되는 만큼 꾸준한 공부가 필수적이다. 이론을 통해 배운 내용을 자신의 연구에 접목시켜 직접 활용한다면 머지않아 통계프로그램을 응용하는 단계에 도달할 수 있다는 점을 명심해야 한다. 시작이 반이라고도 한다. 이제 긴 여행을 떠나보자.

어떻게 구성했나?

본서는 기존의 책을 더욱 확장함과 동시에 최근에 많이 활용되는 다양한 분석기법을 다루고 있다. 특히, PCSE모형, 이중차분 모형(DID), 생존분석 및 콕스회귀, 다차원모형(HLM), 분위회귀모형(QR)과 회귀단절모형(RD)에 관해 새롭게 장을 구성하였다.

제1장

패널분석을 위한 데이터 관리 및 기초통계

1.1 패널 / 종단면 데이터

횡단면 데이터(cross-sectional)는 특정한 시점에서 여러 개체의 현상이나 특성을 모은 자료임에 반해 패널데이터는 국가와 같은 특정한 개체의 현상과 특성을 시간 순으로 기록해 놓은 시계열 데이터(time-series data)를 말한다. 이렇듯 패널데이터는 시계열 데이터와 횡단면 데이터를 하나로 합쳐 놓은 데이터로 여러 개체에 대한 현상과 특성을 일련의 관측지점별로 기록해 놓은 자료이다.

사회과학분야에서는 패널데이터(panel data)를 자연과학분야에서 부르는 종단면 데이터(longitudinal data)라 부르기도 한다. 패널 자료 또는 종단면 자료는 여러 횡단면에 걸쳐 각 개체들이 각각의 시계열 자료로 구성되어 있다. 예컨대 개체별로 2006년부터 2015년까지 10년간 자료가 축적되어 있다고 가정해볼 수 있는데, 17개 광역지방자치단체의 인구(십만명), 실업률(%)에 관해 도식하면 다음과 같다.

obs_no	city	year	인구	실업률
1	1	2006	700	14.1
2	1	2007	710	13.9
3	1	2008	721	14.5
4	1	2009	723	14.3
~	~	~	~	~
10	1	2015	723	14.1
11	2	2006	690	12.3
~	~	~	~	~
20	2	2015	703	13.2
...	...	...	...	...
491	17	2006	559	12.1
...	...	...	...	...
497	17	2012	560	12.2
498	17	2013	563	13.1
499	17	2014	565	14.1
500	17	2015	570	16.1

통합 횡단면 자료(pooled cross-sectional data)

통합 횡단면 자료는 횡단면과 시계열 자료의 성질을 동시에 지니고 있다. 예 컨대, 우리나라의 경우 5년마다 인구총조사를 실시하게 되는데, 동일한 자료를 수 집하기 위해 2010년에 실시된 문항을 2015년에도 동일하게 활용한다. 변수로는 소득(백만원), 저축(백만원), 가구원수(명)에 관해 임의표본 형식으로 자료를 수집 하였고 이에 관해 도식하면 다음과 같다.

obs_no	year	소득	저축	가구원수
1	2010	5,200	700	4
2	2010	3,800	540	3
3	2010	4,900	980	4
4	2010	6,500	1,020	4
...	...	...	...	...
497	2015	5,900	560	3
498	2015	5,400	985	3
499	2015	4,900	650	4
500	2015	3,700	450	4

균형 패널과 불균형 패널

패널분석을 위한 데이터는 균형 패널과 불균형 패널로 구분할 수 있다. 예제 데이터 파일(nlswork.dta)을 활용하여 데이터의 성격을 알아보았다. 동일한 연도에 데이터가 동일하게 존재하면 균형 패널(balanced)이라고 표시되며, 동일한 id에 연 도가 서로 다른 데이터가 존재하는 경우 불균형 패널이라 부르는데, 다음과 같이 68년부터 88년까지 데이터가 존재하지만 일부 데이터가 존재하지 않을 경우 gap 이 있다는 표시와 함께 불균형 패널이라 표시된다(idcode (unbalanced)).

. use http://www.stata−press.com/data/r14/nlswork.dta
(National Longitudinal Survey. Young Women 14−26 years of age in 1968)

. tsset id year
      panel variable: idcode (unbalanced)
      time variable: year, 68 to 88, but with gaps
      delta: 1 unit

이제 데이터(nlswork.dta)에 갭이 있는지, 실제 데이터를 확인해보자. 아래 그림에서 보는 바와 같이 개체(idcode) 1의 데이터는 70년부터 88년까지 데이터가 존재하고 있으며, 74년, 76년, 79년, 81년, 82년, 84년, 86년의 데이터가 존재하기 않기 때문에 갭이 있다고 표시가 된다(68 to 88, but with gaps).

그러나 균형패널이라고 가정하면 개체별(idcode) 데이터가 68년부터 88년까지 온전함을 의미한다. 다시 말해 좀전에 설명한 nlswork.dta파일에서 74년, 76년, 79년, 81년, 82년, 84년, 86년의 데이터가 모두 존재함을 의미한다.

File   Edit   View   Data   Tools

idcode[1]   1

	idcode	year	birth_yr	age	race
1	1	70	51	18	black
2	1	71	51	19	black
3	1	72	51	20	black
4	1	73	51	21	black
5	1	75	51	23	black
6	1	77	51	25	black
7	1	78	51	26	black
8	1	80	51	28	black
9	1	83	51	31	black
10	1	85	51	33	black
11	1	87	51	35	black
12	1	88	51	37	black
13	2	71	51	19	black
14	2	72	51	20	black
15	2	73	51	21	black
16	2	75	51	23	black
17	2	77	51	25	black
18	2	78	51	26	black
19	2	80	51	28	black
20	2	82	51	30	black
21	2	83	51	31	black
22	2	85	51	33	black
23	2	87	51	35	black
24	2	88	51	37	black

1.2 패널분석의 장·단점

패널분석은 시계열 데이터 및 횡단면 데이터와 달리 변수들 간 동적관계를 분석할 수 있다. 또한 개체들의 관찰되지 않은 이질성을 반영할 수 있어 모형설정 오류를 줄일 수 있다. 패널데이터는 더 많은 정보의 변동성을 제공하기 때문에 다중공선성을 줄일 수 있다.

하지만 데이터 수집의 어려움이 있는데, 특히 시간의 흐름에 따라 반복적으로 조사하는 경우 결측치가 발생할 개연성이 높다. 국가나 지역을 패널그룹으로 조사한 데이터의 경우 그룹 간 상관관계가 존재할 수 있다.

1.3 패널분석을 위한 데이터 관리

1.3.1 패널분석을 위한 명령어 tsset

패널분석을 위해 예제데이터 파일은 r15/nlswork.dta을 이용한다. 우선 명령어 tsset을 실행하면 다음과 같은데 명령어 tsset 다음에 반드시 개체를 의미하는 패널변수는 숫자변수여야 한다. 패널변수 idcode가 와야 하고 그 다음에 시간변수인 year가 와야 한다. 한마디로 패널분석은 아래와 같이 long type이어야 한다. 패널분석을 위한 명령어는 xtset도 가능한데, 본 절에서는 tsset을 활용한다.

```
. tsset idcode year
        panel variable:  idcode (unbalanced)
         time variable:  year, 68 to 88, but with gaps
                 delta:  1 unit
```

위 분석결과에 의하면 불균형 패널이며 지표의 연도는 68년부터 88년까지 1년 단위의 자료이지만 갭이 존재한다. 즉, 시간 갭이 있는 불균형패널이다.

그림 1-1 시간 갭이 있는 불균형 패널

	idcode	year	birth_yr	age	race
1	1	70	51	18	2
2	1	71	51	19	2
3	1	72	51	20	2
4	1	73	51	21	2
5	1	75	51	23	2
6	1	77	51	25	2
7	1	78	51	26	2
8	1	80	51	28	2
9	1	83	51	31	2
10	1	85	51	33	2
11	1	87	51	35	2
12	1	88	51	37	2

1.3.2 패널변수값의 래그변환과 리드변환

패널분석을 위해 시계열 데이터의 래그(lag), 리드(lead), 차분(difference)을 활용할 경우가 있다. 이를 위해 종전에 사용한 r15/nlswork.dta를 일부 수정하여 갭이 없는 균형패널을 만들었다. 왜냐하면 래그, 리드, 차분은 균형패널에서 적용하는 것이 효율적이기 때문이다.

그림 1-2 패널분석의 시작 명령어

```
. tsset idcode year
        panel variable:  idcode (strongly balanced)
         time variable:  year, 70 to 81
                 delta:  1 unit
```

먼저, ln_wage 변수의 1기 래그값을 변수로 만들어 본다. 이는 변경하고자 하는 변수 앞에 L 연산자를 사용하면 된다. 이와 유사하게 [_n-1]을 사용하여도 되는데, 이때는 개체별(incode)로 변환이 되기 때문에 반드시 by incode를 지정해야 한다.

다음은 ln_wage를 래그값으로 변환시키는 과정이다. 첫째, ln_wage 앞에 L을 적용한 모형(ln_wage1), 둘째, [_n-1]을 적용한 모형(ln_wage11), 셋째, [_n-1]을 적용한 모형과 동시에 개체별로 묶어서 변환한 모형(ln_wage111)으로 구분한다.

다음 그림에서 변환된 바와 같이 ln_wage1과 ln_wage11은 변환된 지표값의 차이는 보이는데 개체별로 지정하여 변환하지 않았기 때문이다.

그림 1-3 │ 변수의 래그변환

```
. gen ln_wage1=L.ln_wage
(4 missing values generated)

. gen ln_wage11=ln_wage[_n-1]
(1 missing value generated)

. by idcode, sort: gen ln_wage111=ln_wage[_n-1]
(4 missing values generated)
```

그림 1-4 │ 래그변환 결과

	ln_wage	ln_wage1	ln_wage11	ln_wage111
1	1.451214	.	.	.
2	1.02862	1.451214	1.451214	1.451214
3	1.589977	1.02862	1.02862	1.02862
4	1.780273	1.589977	1.589977	1.589977
5	1.777012	1.780273	1.780273	1.780273
6	1.778681	1.777012	1.777012	1.777012
7	2.493976	1.778681	1.778681	1.778681
8	2.551715	2.493976	2.493976	2.493976
9	2.420261	2.551715	2.551715	2.551715
10	2.614172	2.420261	2.420261	2.420261
11	2.536374	2.614172	2.614172	2.614172
12	2.462927	2.536374	2.536374	2.536374
13	1.360348	.	2.462927	.
14	1.206198	1.360348	1.360348	1.360348

동일한 데이터를 활용하여 리드값(ln_wage2와 ln_wage22)으로 변환하여 보면 다음과 같다. 다만 아래 명령어를 수행하면 결측치가 4개 발생하는데 이는 패널변수의 개체가 4개 있기 때문이다. 아래에 표시된 바와 같이 1.028이 앞 연도로 당겨지면서 결측치가 발생된다.

그림 1-5 변수의 리드변환

```
. gen ln_wage2=F.ln_wage
(4 missing values generated)

. by idcode, sort: gen ln_wage22=ln_wage[_n+1]
(4 missing values generated)
```

그림 1-6 리드변환 결과

	ln_wage	ln_wage2	ln_wage22
1	1.451214	1.02862	1.02862
2	1.02862	1.589977	1.589977
3	1.589977	1.780273	1.780273
4	1.780273	1.777012	1.777012
5	1.777012	1.778681	1.778681
6	1.778681	2.493976	2.493976
7	2.493976	2.551715	2.551715
8	2.551715	2.420261	2.420261
9	2.420261	2.614172	2.614172
10	2.614172	2.536374	2.536374
11	2.536374	2.462927	2.462927
12	2.462927	.	.
13	1.360348	1.206198	1.206198
14	1.206198	1.549883	1.549883

만약에 ln_wage변수를 래그 또는 리그 설명변수로 사용하고자 할 경우에는 바로 사용이 가능한데 변경하고자 하는 변수 앞에 L(1/3)로 표시하면 된다. 유의

해야 할 점은 이 명령어는 gen과 같이 사용할 수 없다는 점이다.

그림 1-7 래그변환 후 분석결과

```
. xi: reg tenure L(1/3).ln_wage

      Source |       SS           df       MS              Number of obs =      36
-------------+------------------------------              F(  3,    32) =    0.64
       Model |  11.2231067         3  3.74103558           Prob > F      =  0.5971
    Residual |  188.137227        32  5.87928834           R-squared     =  0.0563
-------------+------------------------------              Adj R-squared = -0.0322
       Total |  199.360334        35  5.69600953           Root MSE      =  2.4247

------------------------------------------------------------------------------
      tenure |      Coef.   Std. Err.      t    P>|t|     [95% Conf. Interval]
-------------+----------------------------------------------------------------
     ln_wage |
         L1. |  -1.576194   1.880761    -0.84   0.408    -5.407179    2.254792
         L2. |   .1249629      2.242     0.06   0.956    -4.441842    4.691768
         L3. |   1.497867   1.626073     0.92   0.364    -1.814336     4.81007
             |
       _cons |   3.242513   2.317211     1.40   0.171    -1.477491    7.962517
------------------------------------------------------------------------------
```

　　L(1/3).ln_wage를 적용한 결과, ln_wage의 t-1, t-2, t-3이 생성되었고, F.ln_wage를 적용한 결과, ln_wage의 t+1이 생성되어 회귀분석을 수행하였다. 이렇듯 Stata에서는 설명변수로 사용하기 위해 바로 변수를 지정할 수 있는 장점이 있다.

　　1차 차분모형의 설정은 D 연산자를 사용한다. 1차 차분은 다음과 같다. $\triangle \ln\_wage_{i,t} = \ln\_wage_{i,t} - \ln\_wage_{i,t-1}$ 다만, 아래 명령어를 수행하면 결측치가 4개 발생하는데 이는 패널변수의 개체가 4개 있기 때문이다. 즉, 1.76-1.569 =0.1902로 계산된다.

그림 1-8 변수의 차분변환

```
. gen ln_wage31=D.ln_wage
(4 missing values generated)

. by idcode, sort: gen ln_wage32=ln_wage-ln_wage[_n-1]
(4 missing values generated)
```

그림 1-9 변수의 차분 변환결과

	ln_wage	ln_wage31	ln_wage32
1	1.451214	.	.
2	1.02862	-.4225942	-.4225942
3	1.589977	.5613576	.5613576
4	1.780273	.1902955	.1902955
5	1.777012	-.0032612	-.0032612
6	1.778681	.0016689	.0016689
7	2.493976	.7152953	.7152953
8	2.551715	.0577395	.0577395
9	2.420261	-.131454	-.131454
10	2.614172	.1939111	.1939111
11	2.536374	-.0777988	-.0777988
12	2.462927	-.0734463	-.0734463
13	1.360348	.	.
14	1.206198	-.1541507	-.1541507
15	1.549883	.3436854	.3436854

1.3.3 패널기초통계 xtsum

패널데이터의 기초통계량을 계산하기 위해 사용되는 명령어는 xtsum이다.
패널분석의 기초통계를 산출하기 위해서 sum앞에 xt를 붙어주어야 한다. 이 명령
어를 수행하면 지정한 각 변수에 대해 overall, between, within으로 나누어 평균,

그림 1-10 xtsum(패널기술통계)

```
. xtsum ln_wage ttl_exp tenure

Variable   |         Mean   Std. Dev.        Min        Max |    Observations

ln_wage  overall |     1.816616   .3911514    1.02862   2.614172 |   N =       48
         between |                .2208271   1.575165   2.040434 |   n =        4
         within  |                .3400703   .8048024   2.390355 |   T =       12

ttl_exp  overall |     6.114984   4.100067   .7115384   17.73077 |   N =       48
         between |                1.374652   4.533654   7.886218 |   n =        4
         within  |                3.919585   .4787662   15.95954 |   T =       12

tenure   overall |     2.557292   2.348869          0   8.583333 |   N =       48
         between |                 .877117   1.381944     3.4375 |   n =        4
         within  |                2.219889  -.6302083   7.953125 |   T =       12
```

표준편차, 최소값, 최대값, 관측치를 보여주는데 N은 총 관측치이고, n은 개체그룹 수이며, t는 시간변수의 관측치 수이다. 회귀분석(OLS)에서의 명령어인 sum과 다소 차이를 보인다. 하지만 연구자의 필요에 따라 xtsum 대신 sum을 활용해도 된다.

■ mvsumm

Stata에서는 각 패널 개체별로 이동 평균(moving average) 또는 이동 윈도우(moving window)를 설정할 수 있다. 예를 들어 이동 윈도우를 3으로 설정했을 경우 다음과 같이 정의된다. 아래 명령어는 5로 설정한 결과를 동시에 나타내고 있다. 또한 명령어 force를 적용하면 결측치를 제외하고 이동평균값을 계산하기 위함이다.

$$moving\ average = \frac{x_{t-1} + x_t + x_{t+1}}{3}$$

그림 1-11 mvsumm 변환 결과

	ln_wage	mean_ln_wa~1	mean_ln_wa~2
1	1.451214	.	.
2	1.02862	1.356604	.
3	1.589977	1.46629	1.525419
4	1.780273	1.715754	1.590912
5	1.777012	1.778655	1.883984
6	1.778681	2.016556	2.076331
7	2.493976	2.274791	2.204329
8	2.551715	2.488651	2.371761
9	2.420261	2.528716	2.5233
10	2.614172	2.523602	2.51709
11	2.536374	2.537824	.
12	2.462927	.	.
13	1.360348	.	.
14	1.206198	1.372143	.
15	1.549883	1.529554	1.535146
16	1.832581	1.703062	1.601058

그림 1-12 mvsumm

```
. mvsumm ln_wage, window(3) gen(mean_ln_wage1) stat(mean) force

. mvsumm ln_wage, window(5) gen(mean_ln_wage2) stat(mean) force
```

<그림 1-12>에서 전환된 것처럼 mean_ln_wage1은 1.356은 1.451, 1.028, 그리고 1.589의 평균이다.

1.3.4 패널그래프 xtline

xtline은 패널개체의 시계열변화를 그래프로 작성하기 위한 명령어이다. 그래프를 그리기 위해 예제데이터 파일 r15/xtline1.dta을 활용하였다. 아래 <그림 1-13>과 같은 그래프는 xtline calories만으로 작성이 가능하다.

옵션 명령어인 scheme(s2mono)는 db xtline의 대화창에서 overall 탭의 Scheme 메뉴에서 s2monocrome를 선택하면 선의 패턴을 결정해주는 기능이 있어 그래프에 2개 이상 선을 쉽게 구분할 수 있다.

그림 1-13 xtline 대화창

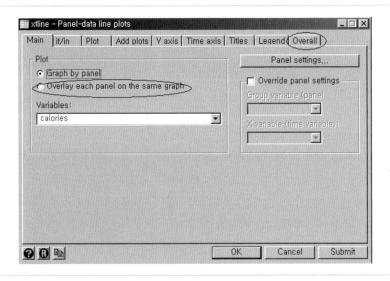

```
. xtline calories, scheme(s2mono)
```

그림 1-14 xtline 실행결과

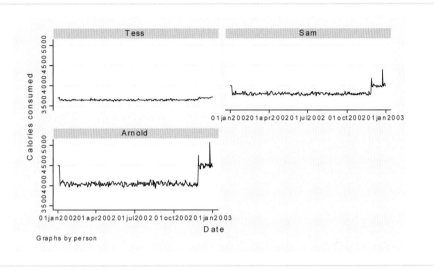

또한 main 탭에서 overlay each panel on the same graph를 선택하면 세 사람(Tess, Sam, Arnold)의 칼로리 소모 추이를 한꺼번에 그릴 수 있다.

```
. xtline calories, overlay scheme(s2mono)
```

그림 1-15 xtline 실행결과 2

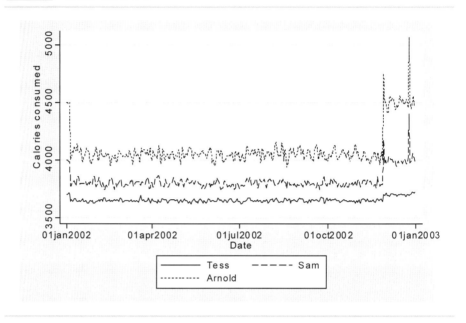

제2장

Pooled OLS / Panel GLS

2.1 합동(pooled) OLS

pooled OLS는 패널데이터의 선형회귀모형의 추정방법이다. 패널데이터의 회귀식 모형은 다음과 같다(Wooldridge, 2015).

$y = \beta_0 + \beta_1 x + \beta_2 x + e$, $i = 1, 2, \cdots n$, and $t = 1, 2, \cdots, T_i$

이때 n은 패널개체의 수이고, T_i는 개체 i의 데이터의 포괄기간이다.

가정 1: 모든 패널개체에 대한 모든 시점에서 오차항의 조건부 기대값이 0이 되어야 한다. $E(e) = 0$, 모든 i 및 t에 대해 0이어야 한다.

가정 2: 모든 패널개체에 대한 모든 시점에서 오차항의 분산이 σ^2, 즉 동분산성을 지녀야 한다. 이는 패널개체와 시간에 따라 오차항의 분산이 변하지 않아야 한다.

$var(e_{it}) = \sigma^2$, 모든 i 및 t에 대해 0이어야 한다.

가정 3: 패널개체의 오차항 및 한 개체의 서로 다른 오차항 사이에 상관관계가 존재하지 않아야 한다.

$cov(\epsilon_{it}, \epsilon_{js}) = 0$, if 모든 $i \neq j$ or $t \neq s$에 대해 0이어야 한다.

가정 4: 오차항과 설명변수 사이에 상관관계가 존재하지 않아야 한다.

$cov(x, Q_{it}) = 0$, 모든 i 및 t에 대해 상관관계가 존재해서는 안 된다.

지금까지 열거한 네 가지 가정에 위배될 경우 OLS추정은 문제가 있을 수 있다. 특히 패널데이터의 특성상 오차항에 대한 이분산성과 자기상관이 존재할 가능성이 있다. 궁극적으로 패널개체의 관찰되지 않은 이질성이 오차항 ϵ_{it}에 포함될 경우 오차항과 설명변수 사이에 자기상관이 존재할 가능성이 있다.

Stata에서 pooled OLS 분석방법은 reg명령어를 이용한다. 이를 위해 사용된 예제데이터 파일은 r14/invest2.dta이다(이후 동일).

```
. tsset company time
        panel variable:  company (strongly balanced)
         time variable:  time, 1 to 20
                delta:  1 unit
```

그림 2-1 xtgls와 비교를 위한 reg 분석

```
. reg invest market stock
```

Source	SS	df	MS		
Model	5532554.18	2	2766277.09		
Residual	1570883.64	97	16194.6767		
Total	7103437.82	99	71751.8972		

Number of obs = 100
F(2, 97) = 170.81
Prob > F = 0.0000
R-squared = 0.7789
Adj R-squared = 0.7743
Root MSE = 127.26

invest	Coef.	Std. Err.	t	P>|t|	[95% Conf. Interval]
market	.1050854	.0113778	9.24	0.000	.0825036	.1276673
stock	.3053655	.0435078	7.02	0.000	.2190146	.3917165
_cons	-48.02974	21.48016	-2.24	0.028	-90.66192	-5.397555

2.2 패널 GLS

패널 GLS는 패널데이터의 자기상관(AR(1)) 및 패널과 횡단면 데이터의 상관과 이분산성을 효율적으로 통제하여 분석하는 기법이다(STATA Manual, 14).

패널데이터는 이미 설명한 가정 2~가정 4를 충족해야 한다. 본 절에서는 오차항에 이분산이 존재하는 경우 효율적인 추정이 가능한 GLS(Generalized Least Squares)에 대해 알아본다.

먼저 옵션과 관련하여 알아본다(help xtgls).

특히, 분석에 사용될 panel(hetero)은 비제약모형을 추정하기 위한 옵션이다. igls는 반복(iterated) GLS로서 two-step 추정 대신 한번에 추정계수와 공분산 행렬

그림 2-2　xtgls 옵션

Syntax

```
        xtgls depvar [indepvars] [if] [in] [weight] [, options]
```

options	Description
Model	
noconstant	suppress constant term
panels(iid)	use i.i.d. error structure
panels(heteroskedastic)	use heteroskedastic but uncorrelated error structure
panels(correlated)	use heteroskedastic and correlated error structure
corr(independent)	use independent autocorrelation structure
corr(ar1)	use AR1 autocorrelation structure
corr(psar1)	use panel-specific AR1 autocorrelation structure
rhotype(calc)	specify method to compute autocorrelation parameter; see Options for details; seldom used
igls	use iterated GLS estimator instead of two-step GLS estimator
force	estimate even if observations unequally spaced in time
SE	
nmk	normalize standard error by N-k instead of N
Reporting	
level(#)	set confidence level; default is level(95)
display options	control column formats, row spacing, line width, and display of omitted variables and base and empty cells
Optimization	
optimize options	control the optimization process; seldom used
coeflegend	display legend instead of statistics

을 추정하는 GLS기법이며, 로그우도함수값을 얻을 수 있다. 또한 nolog는 반복로 그를 표시하지 않고 최종결과만을 제시하라는 명령어이다.

　tsset company time 명령어를 이용하여 패널분석을 수행한다. 그 다음 xtgls 명령어에 옵션을 사용하지 않고 분석해 본다. 분석결과 pooled OLS와 추정계수 (coef)가 일치하지만 표준오차(s. e)값이 약간 작다는 것을 확인할 수 있다. 왜냐하면 오차항 ϵ_{it}의 공분산행렬로 가정하고 추정하기 때문이다.

그림 2-3 xtgls 실행결과

```
. xtgls invest market stock

Cross-sectional time-series FGLS regression

Coefficients:  generalized least squares
Panels:        homoskedastic
Correlation:   no autocorrelation

Estimated covariances      =        1      Number of obs      =        100
Estimated autocorrelations =        0      Number of groups   =          5
Estimated coefficients     =        3      Time periods       =         20
                                           Wald chi2(2)       =     352.19
Log likelihood             = -624.9928     Prob > chi2        =     0.0000
```

invest	Coef.	Std. Err.	z	P>|z|	[95% Conf. Interval]	
market	.1050854	.0112059	9.38	0.000	.0831223	.1270485
stock	.3053655	.0428502	7.13	0.000	.2213806	.3893504
_cons	-48.02974	21.15551	-2.27	0.023	-89.49377	-6.565701

xtgls를 분석할 때 옵션으로 nmk를 적용하면 pooled OLS와 추정계수(coef), 표준오차(s.e)까지 동일한데 이 옵션을 적용하면 pooled OLS와 동일한 가정, 전체 표본의 수 N 대신 N에서 추정해야 할 모수의 수 k를 빼고 추정하기 때문에 표준오차가 조금 커지게 된다(STATA Manual 15).

그림 2-4 | nmk옵션을 적용한 xtgls

```
. xtgls invest market stock,nmk

Cross-sectional time-series FGLS regression

Coefficients:   generalized least squares
Panels:         homoskedastic
Correlation:    no autocorrelation

Estimated covariances      =         1     Number of obs      =        100
Estimated autocorrelations =         0     Number of groups   =          5
Estimated coefficients     =         3     Time periods       =         20
                                           Wald chi2(2)       =     341.63
Log likelihood             = -624.9928     Prob > chi2        =     0.0000
```

invest	Coef.	Std. Err.	z	P>|z|	[95% Conf. Interval]	
market	.1050854	.0113778	9.24	0.000	.0827853	.1273855
stock	.3053655	.0435078	7.02	0.000	.2200918	.3906393
_cons	-48.02974	21.48016	-2.24	0.025	-90.13009	-5.929387

```
Panels:         homoskedastic
Correlation:    no autocorrelation
```

다만 위 분석결과는 동분산성과 자기상관성이 없다는 것을 알 수 있다. 결국 가정 2와 3을 충족한다는 의미이다.

2.3 이분산성의 가정과 LR검정(LR-test)

lrtest의 옵션은 다음과 같다. Stata는 제약이 없는(unrestricted) 모형과 제약이 가해진(restricted) 모형의 통계량 값을 표시해준다. df(#)는 괄호 안에 χ^2 검정통계량의 자유도를 써주어야 한다.

그림 2-5   irtest 옵션

options	Description
stats	display statistical information about the two models
dir	display descriptive information about the two models
df(#)	override the automatic degrees-of-freedom calculation; seldom used
force	force testing even when apparently invalid

그림 2-6   hetero를 적용한 xtgls 이분산 검정

```
. xtgls invest market stock,panel(hetero)

Cross-sectional time-series FGLS regression

Coefficients:  generalized least squares
Panels:        heteroskedastic
Correlation:   no autocorrelation

Estimated covariances      =        5       Number of obs      =        100
Estimated autocorrelations =        0       Number of groups   =          5
Estimated coefficients     =        3       Time periods       =         20
                                            Wald chi2(2)       =     865.38
                                            Prob > chi2        =     0.0000
```

invest	Coef.	Std. Err.	z	P>|z|	[95% Conf. Interval]	
market	.0949905	.007409	12.82	0.000	.0804692	.1095118
stock	.3378129	.0302254	11.18	0.000	.2785722	.3970535
_cons	-36.2537	6.124363	-5.92	0.000	-48.25723	-24.25017

특히, 제약이 없는 모형에는 오차항의 공분산 행렬의 대각선에 있는 모든 분산이 다르다고 가정하는 반면 제약이 가해진 모형은 공분산 행렬의 모든 분산이 동일하다고 가정한다.

위 분석결과를 보면 옵션인 panel(hetero)을 적용한 결과로 옵션이 없는 모형은 추정계수의 차이를 보인다. 특히 모든 추정계수와 표준오차가 크게 작아졌음을 알 수 있다.

또한 이분산성(Panels: heteroskedastic)을 가정하고 있으며, 자기상관(Correlation:

no autocorrelation)이 없는 것으로 분석되었다.

회귀모형에서 이분산성의 존재 여부를 검정하기 위해 LR(Likelihood Ratio)검정을 이용하면 된다. LR검정통계량은 LR = −2(L1 − L0)이다. 만약 오차항의 분산이 패널개체별로 서로 다르다고 가정하는 제약모형일 경우에는 각 모형을 추정한 후 로그우도함수를 구할 수 있는데 이때 d_0-d_1의 χ^2분포를 따른다(Greene 2012, 526-527).

우선 이분산성 존재 여부를 검정하기 위해 제약모형을 추정한 후 비제약 모형을 추정해야 하며 각각의 추정결과를 저장할 필요가 있다. 비제약모형은 estimates store L_0에 저장하고, 제약모형은 estimates store L_1에 저장하면 된다. 우선 제약모형에 관해 추정한다.

그림 2-7 이분산 검정을 위한 비제약모형 추정

```
. xtgls invest market stock

Cross-sectional time-series FGLS regression

Coefficients:   generalized least squares
Panels:         homoskedastic
Correlation:    no autocorrelation

Estimated covariances      =        1        Number of obs      =       100
Estimated autocorrelations =        0        Number of groups   =         5
Estimated coefficients     =        3        Time periods       =        20
                                             Wald chi2(2)       =    352.19
Log likelihood             = -624.9928       Prob > chi2        =    0.0000
```

invest	Coef.	Std. Err.	z	P>|z|	[95% Conf. Interval]	
market	.1050854	.0112059	9.38	0.000	.0831223	.1270485
stock	.3053655	.0428502	7.13	0.000	.2213806	.3893504
_cons	-48.02974	21.15551	-2.27	0.023	-89.49377	-6.565701

```
. estimates store L1
```

그림 2-8 이분산 검정을 위한 제약모형 추정

```
. xtgls invest market stock,panel(hetero) igls nolog


Cross-sectional time-series FGLS regression

Coefficients:  generalized least squares
Panels:        heteroskedastic
Correlation:   no autocorrelation

Estimated covariances      =        5      Number of obs      =        100
Estimated autocorrelations =        0      Number of groups   =          5
Estimated coefficients     =        3      Time periods       =         20
                                           Wald chi2(2)       =    1048.82
Log likelihood             = -564.5355     Prob > chi2        =     0.0000
```

invest	Coef.	Std. Err.	z	P>|z|	[95% Conf. Interval]
market	.09435	.0062834	15.02	0.000	.0820347	.1066652
stock	.3337015	.022039	15.14	0.000	.2905059	.376897
_cons	-23.25817	4.815172	-4.83	0.000	-32.69574	-13.82061

```
. estimates store L0
```

LR검정을 위한 제약모형의 로그우도함수 값(L_1)이 필요한데 그 값은 -624.9928 이다. 또한 <그림 2-8>과 같이 비제약모형의 추정을 위해 panel(hetero), igls, 그리고 nolog옵션을 사용하여 추정한 결과 비제약모형의 로그우도함수 값(L_0)은 -564.5355이다.

lrtest검정을 실행하기 위해 lrtest 다음에 반드시 비제약모형(L_0)을 입력한 다음, 제약모형(L_1)을 입력해야 한다. 옵션으로 df( )는 카이제곱 검정통계량의 자유도를 써주어야 하는데, 제약모형에서는 오차항의 공분산이 동일하다고 가정하기 때문에 df=5-1=4가 된다.

그림 2-9 lrtest 실행

```
. lrtest L0 L1, df(4)

Likelihood-ratio test                    LR chi2(4)  =    120.91
(Assumption: L1 nested in L0)            Prob > chi2 =    0.0000
```

위 분석결과에 의하면 p값이 0.01보다 작기 때문에 1% 유의수준에서 오차항의 동분산성이 기각된다.

2.4 자기상관 가정(AR(1), PSAR(1))

선형회귀모형에서 오차항 ϵ_{it}에 자기상관이나 동시적 상관이 존재해서는 안된다. 이미 살펴본 가정 3에 근거해 볼 때 자기상관이 존재한다면 $cov(\epsilon, \epsilon_{js}) \neq 0$이다. 모든 패널개체에 대해 자기상관을 가정하면 AR(1)을 적용하고, 각 패널개체에 자기상관을 가정하면 PSAR(1)을 적용한다.

우선 오차항의 자기상관을 AR(1)으로 가정하고 분석하면 다음과 같다.

그림 2-10 ar1을 적용한 xtgls

```
. xtgls invest market stock, corr(ar1)

Cross-sectional time-series FGLS regression

Coefficients:  generalized least squares
Panels:        homoskedastic
Correlation:   common AR(1) coefficient for all panels  (0.8651)

Estimated covariances      =          1       Number of obs      =        100
Estimated autocorrelations =          1       Number of groups   =          5
Estimated coefficients     =          3       Time periods       =         20
                                              Wald chi2(2)       =     150.93
                                              Prob > chi2        =     0.0000

------------------------------------------------------------------------------
      invest |      Coef.   Std. Err.      z    P>|z|     [95% Conf. Interval]
-------------+----------------------------------------------------------------
      market |    .093105   .0109096     8.53   0.000     .0717225    .1144875
       stock |   .3543283   .0498152     7.11   0.000     .2566922    .4519644
       _cons |   -38.6703   42.15072    -0.92   0.359     -121.2842     43.9436
------------------------------------------------------------------------------
```

위 분석결과에 의하면 자기상관계수가 0.8651임을 알 수 있다.

그림 2-11 psar1을 적용한 xtgls

```
. xtgls invest market stock, corr(psar1)

Cross-sectional time-series FGLS regression

Coefficients:   generalized least squares
Panels:         homoskedastic
Correlation:    panel-specific AR(1)

Estimated covariances      =         1        Number of obs     =        100
Estimated autocorrelations =         5        Number of groups  =          5
Estimated coefficients     =         3        Time periods      =         20
                                              Wald chi2(2)      =     252.93
                                              Prob > chi2       =     0.0000
```

invest	Coef.	Std. Err.	z	P>|z|	[95% Conf. Interval]	
market	.0934343	.0097783	9.56	0.000	.0742693	.1125993
stock	.3838814	.0416775	9.21	0.000	.302195	.4655677
_cons	-10.1246	34.06675	-0.30	0.766	-76.8942	56.64499

<그림 2-11>의 추정은 각 패널개체의 1계 자기상관이 존재하는 것으로 가정하였다. 이를 위해 corr(psar1)옵션을 사용하는데 괄호 안의 psar1은 panel-specific AR(1)을 의미하고 모든 패널개체가 아닌 각 패널개체의 1계 자기상관계수가 서로 다르다고 가정한 것이다.

분석결과 estimated autocorrelation=5로 5개 패널그룹별로 1계 자기상관계수를 추정하였다.

그림 2-12 corr(ar1)과 igls를 적용한 xtgls

```
. xtgls invest market stock, corr(ar1) igls nolog


Cross-sectional time-series FGLS regression

Coefficients:  generalized least squares
Panels:        homoskedastic
Correlation:   common AR(1) coefficient for all panels  (0.8651)

Estimated covariances      =      1      Number of obs      =       100
Estimated autocorrelations =      1      Number of groups   =         5
Estimated coefficients     =      3      Time periods       =        20
                                         Wald chi2(2)       =    150.93
                                         Prob > chi2        =    0.0000


    invest        Coef.   Std. Err.       z    P>|z|     [95% Conf. Interval]

    market      .093105   .0109096     8.53    0.000     .0717225     .1144875
     stock     .3543283   .0498152     7.11    0.000     .2566922     .4519644
     _cons    -38.6703    42.15072    -0.92    0.359    -121.2842      43.9436
```

위 분석결과에 의하면 자기상관검정에는 igls 옵션이 타당하지 않다는 점을 알 수 있다. corr( ) 옵션이 포함된 경우 igls 옵션을 사용하더라도 로그우도함수 값이 주어지지 않는다.

2.5 자기상관 검정(Wooldridge: xtserial)

패널데이터에서 자기상관 검정을 위한 또 다른 방법은 Wooldridge가 제시한 xtserial을 이용하면 된다. 아래에 설명하고 있는 바와 같이 xtserial 명령어를 적용하면 다음과 같은 에러(r(199))가 발생된다. 따라서 findit 명령어를 활용하여 프로그램을 다운받으면 된다(findit xtserial을 입력하면 대화창이 뜨는데 해당되는 파일을 install하면 된다). 그 다음 xtserial 명령어를 적용하여 분석하면 다음과 같다.

그림 2-13 xtserial 실행

```
. xtserial invest market stock
unrecognized command:  xtserial
r(199);

. findit xtserial

. xtserial invest market stock

Wooldridge test for autocorrelation in panel data
H0: no first order autocorrelation
    F(  1,      4) =    977.341
           Prob > F =     0.0000
```

위 분석결과에 의하면 귀무가설(H_0)인 "1계 자기상관이 존재하지 않는다"는 p값이 0.01보다 작기 때문에 1% 유의수준에서 귀무가설을 기각할 수 있다. 즉, 1% 유의수준에서 1계자기상관이 존재한다고 말할 수 있다.

더 나아가 오차항에 이분산성과 자기상관을 동시에 가정하여 분석할 수 있는데, 이를 위해 panel(hetero)과 corr(ar1)옵션을 적용하면 되는데, 그 결과는 다음과 같다.

그림 2-14 hetero와 ar1을 동시에 적용한 xtgls

```
. xtgls invest market stock,panel(hetero) corr(ar1)

Cross-sectional time-series FGLS regression

Coefficients:  generalized least squares
Panels:        heteroskedastic
Correlation:   common AR(1) coefficient for all panels  (0.8651)

Estimated covariances        =          5     Number of obs      =        100
Estimated autocorrelations   =          1     Number of groups   =          5
Estimated coefficients       =          3     Time periods       =         20
                                              Wald chi2(2)       =     119.69
                                              Prob > chi2        =     0.0000
```

invest	Coef.	Std. Err.	z	P>|z|	[95% Conf. Interval]	
market	.0744315	.0097937	7.60	0.000	.0552362	.0936268
stock	.2874294	.0475391	6.05	0.000	.1942545	.3806043
_cons	-18.96238	17.64943	-1.07	0.283	-53.55464	15.62987

위 분석결과에 의하면 패널의 이분산성(heteroskedastic)과 1계 자기상관 (0.8651)을 확인할 수 있다.

만약에 패널데이터에 시간 갭이 있는 경우, 1계 자기상관 가정에 문제가 발생할 수 있는데, 옵션으로 force를 사용하면 시간 갭을 무시하고 자기상관모형을 추정할 수 있다.

제3장

고정효과모형 FE

그림 3-1 FE의 옵션

FE_options	Description
Model	
fe	use fixed-effects estimator
SE/Robust	
vce(*vcetype*)	*vcetype* may be conventional, <u>r</u>obust, <u>c</u>luster *clustvar*, <u>boot</u>strap, or <u>jack</u>knife
Reporting	
<u>l</u>evel(#)	set confidence level; default is level(95)
display options	control column formats, row spacing, line width, and display of omitted variables and base and empty cells
<u>coefl</u>egend	display legend instead of statistics

고정효과 모형(FE)의 명령어는 xtreg이며, <그림 3-1>과 같은 다양한 옵션이 있다.

3.1 기본모형과 추정을 위한 가정

$Y_{it} = \alpha + \beta x_{it} + u_i + \varepsilon_{it}$이 기본모형이며 상수항이 패널개체별로 서로 다르면서 고정(fixed)되어 있다고 가정한다. 즉, 기울기 모수인 β는 모든 패널개체에 대해 서로 동일하지만 모형에서 u_i에서 상수항$(\alpha + u_i)$은 패널개체별로 달라진다. 이때 u_i는 확률변수가 아닌 모수로 간주하여 추정하게 된다.

3.2 FE 모형추정

분석을 위해 활용된 예제데이터 파일은 r15/nlswork.dta이다.

```
. tsset idcode year
        panel variable:  idcode (unbalanced)
         time variable:  year, 68 to 88, but with gaps
                delta:  1 unit
```

그림 3-2 불균형패널 FE 실행

```
. xtreg ln_wage age ttl_exp tenure not_smsa south, fe

Fixed-effects (within) regression          Number of obs     =      28093
Group variable: idcode                     Number of groups  =       4699

R-sq:  within  = 0.1491                     Obs per group: min =          1
       between = 0.3517                                    avg =        6.0
       overall = 0.2516                                    max =         15

                                            F(5,23389)        =     819.94
corr(u_i, Xb)  = 0.2346                     Prob > F          =     0.0000
```

ln_wage	Coef.	Std. Err.	t	P>|t|	[95% Conf. Interval]	
age	-.0026787	.000863	-3.10	0.002	-.0043703	-.0009871
ttl_exp	.0287709	.0014474	19.88	0.000	.0259339	.0316079
tenure	.0114355	.0009229	12.39	0.000	.0096265	.0132445
not_smsa	-.0921689	.0096641	-9.54	0.000	-.1111112	-.0732266
south	-.0633396	.0110819	-5.72	0.000	-.0850608	-.0416184
_cons	1.591654	.0186849	85.18	0.000	1.55503	1.628278
sigma_u	.36167955					
sigma_e	.29477563					
rho	.60086922	(fraction of variance due to u_i)				

```
F test that all u_i=0:     F(4698, 23389) =     6.62        Prob > F = 0.0000
```

<그림 3-2>와 같이 시간 갭이 있는 불균형패널데이터라도 고정효과모형으

로 추정할 수 있다.

위 분석결과에서 알 수 있듯이 age, ttl_exp, tenure, not_smsa, south변수는 통계적으로 유의미하다는 것을 알 수 있다. 다만 age, not_smsa, 그리고 south변수가 증가하여도 ln_wage는 감소한다는 것을 알 수 있다. 추정계수를 세부적으로 논의하면 tenure에 대한 추정계수 0.11은 다른 조건이 동일하다고 가정할 때 tenure가 1단위 증가하면 ln_wage가 0.11단위 증가한다고 해석하면 된다.

세부적으로 총 표본 수는 28093, 그룹 수는 4699이고, R-sq는 within = 0.1491, between = 0.3517, overall = 0.2516이다. 또한 corr(u_i, Xb)는 패널의 개체 특성을 나타내는 오차항 u_i와 설명변수 x간 상관계수의 추정치이며, 추정된 상관계수가 0.2346으로 그리 크지는 않다.

고정효과모형에서는 오차항 u_i가 없는 모형이기 때문에 설령 오차항과 설명변수 간 상관관계가 존재하더라도 추정계수의 일치성을 담보할 수 있다.

ref.) 기본모형은 $Y_{it} = \alpha + \beta_{it} + u_i + \varepsilon_{it}$로 상수항이 패널개체별로 서로 다르면서 고정(fixed)되어 있다고 가정한다. 즉, 기울기 모수인 β는 모든 패널개체에 대해 서로 동일하지만 모형에서 u_i에서 상수항($\alpha + u_i$)은 패널개체별로 달라진다. 이 모형의 추정방법은 각 변수들에 대해 within 모형으로 변환 $\overline{y_i} = \alpha + \beta\overline{x_i} + \mu_i + \overline{e_i}$하여 빼주면 $(y - \overline{y_i}) = \beta(x - \overline{x_i}) + (e - \overline{e_i})$가 되며 오차항($u_i$)이 사라진다. 따라서 $cov(x, u_i) \neq 0$이 아니더라도 β에 대한 일치추정량을 구할 수 있다는 장점이 있다(Wooldridge, 2015).

패널개체의 특성을 나타내는 오차항 u_i의 분산이 차지하는 비율은 rho = .60086922(fraction of variance due to u_i)임을 알 수 있다. 또한 all u_i = 0을 가정한 F-test인 F(4698, 23389) = 6.62이고 Prob > F = 0.0000이기 때문에 고정효과모형이 타당하다고 할 수 있다.

동일한 모형에 grade변수를 포함하여 분석한 결과 "omitted"라 표시된다. FE 모형을 활용할 경우, 이러한 현상이 발생되는데, 이는 시간이 변하더라도 grade 변수값이 바뀌지 않기 때문이다. 그렇다고 설명변수로 사용되지 않은 것은 아니다.

그림 3-3 xtreg, fe 실행

```
. xtreg ln_wage age grade ttl_exp tenure not_smsa south, fe
note: grade omitted because of collinearity

Fixed-effects (within) regression              Number of obs      =       28091
Group variable: idcode                         Number of groups   =        4697

R-sq:  within  = 0.1491                         Obs per group: min =           1
       between = 0.3526                                        avg =         6.0
       overall = 0.2517                                        max =          15

                                                F(5,23389)         =      819.94
corr(u_i, Xb)  = 0.2348                          Prob > F          =      0.0000
```

ln_wage	Coef.	Std. Err.	t	P>|t|	[95% Conf. Interval]	
age	−.0026787	.000863	−3.10	0.002	−.0043703	−.0009871
grade	0	(omitted)				
ttl_exp	.0287709	.0014474	19.88	0.000	.0259339	.0316079
tenure	.0114355	.0009229	12.39	0.000	.0096265	.0132445
not_smsa	−.0921689	.0096641	−9.54	0.000	−.1111112	−.0732266
south	−.0633396	.0110819	−5.72	0.000	−.0850608	−.0416184
_cons	1.591678	.0186849	85.19	0.000	1.555054	1.628302
sigma_u	.36167618					
sigma_e	.29477563					
rho	.60086475	(fraction of variance due to u_i)				

```
F test that all u_i=0:      F(4696, 23389) =      6.63           Prob > F = 0.0000
```

    <그림 3-4>에 설명하고 있듯이 data editor를 통해 grade 변수를 확인하면 다음과 같다.

그림 3-4 데이터 형식보기

year	birth_yr	age	race	msp	nev_mar	grade
70	51	18	2	0	1	12
71	51	19	2	1	0	12
72	51	20	2	1	0	12
73	51	21	2	1	0	12
75	51	23	2	1	0	12
77	51	25	2	0	0	12
78	51	26	2	0	0	12
80	51	28	2	0	0	12
83	51	31	2	0	0	12
85	51	33	2	0	0	12
87	51	35	2	0	0	12
88	51	37	2	0	0	12
71	51	19	2	1	0	12
72	51	20	2	1	0	12

그림 3-5 xtreg, fe 실행

```
. xtreg ln_wage age grade ttl_exp tenure not_smsa south, fe
note: grade omitted because of collinearity

Fixed-effects (within) regression              Number of obs      =      28091
Group variable: idcode                         Number of groups   =       4697

R-sq:  within  = 0.1491                         Obs per group: min =          1
       between = 0.3526                                        avg =        6.0
       overall = 0.2517                                        max =         15

                                                F(5,23389)         =     819.94
corr(u_i, Xb)  = 0.2348                         Prob > F           =     0.0000
```

ln_wage	Coef.	Std. Err.	t	P>|t|	[95% Conf. Interval]	
age	-.0026787	.000863	-3.10	0.002	-.0043703	-.0009871
grade	0	(omitted)				
ttl_exp	.0287709	.0014474	19.88	0.000	.0259339	.0316079
tenure	.0114355	.0009229	12.39	0.000	.0096265	.0132445
not_smsa	-.0921689	.0096641	-9.54	0.000	-.1111112	-.0732266
south	-.0633396	.0110819	-5.72	0.000	-.0850608	-.0416184
_cons	1.591678	.0186849	85.19	0.000	1.555054	1.628302
sigma_u	.36167618					
sigma_e	.29477563					
rho	.60086475	(fraction of variance due to u_i)				

```
F test that all u_i=0:      F(4696, 23389) =      6.63        Prob > F = 0.0000
```

3.3 이원고정효과모형(two-way FE)

일원고정효과모형은 $Y_{it} = \alpha + \beta x_{it} + u_i + \varepsilon_{it}$이 기본모형으로 2개의 오차항($u_i$, ϵ_{it})으로 구성되어 있다. 즉, 시간에 따라 변하지 않는 패널개체의 특성인 u_i와 시간과 패널의 개체에 따라 변하는 오차항 ϵ_{it}로 가정한다. 이때 오차항 u_i는 모수(parameter)로 간주된다.

한편 이원고정효과모형의 기본모형은 $Y_{it} = \alpha + \beta x_{it} + u_i + v_t + \varepsilon_{it}$으로 일원고정효과모형과는 달리 오차항은 u_i와 ν_t가 결합된 형태이다. 즉, 관찰되지 않은 패널개체의 특성인 u_i와 관찰되지 않은 시간의 특성인 ν_t를 동시에 통제하는 모형으로 u_i와 ν_t를 모수로 간주하기 때문에 이원고정효과모형이라 부른다. 일원고정효과모형과 다른 점이 있다면 시간을 통제하는 변수를 추가한다고 보면 된다.

ref.) 일원고정효과모형의 오차항의 구성은 $\epsilon_{it} = u_i + \varepsilon_{it}$이다. 다만 이원고정효과모형의 오차항 구성은 $\epsilon_{it} = u_i + \nu_t + \varepsilon_{it}$로 시간의 효과를 통제할 수 있다는 장점이 있다.

더미변수(_Iyear_68-88)를 활용한 이원고정효과모형을 추정하기 위해서는 접두어 xi를 사용해야 한다. 연도더미는 1968년을 기준으로 하기 때문에 이를 제외한 더미변수를 모형에 포함해야 한다(i.year). 이원고정효과모형은 그룹과 시간효과를 동시에 통제할 수 있다. 분석결과에서 보듯이 ttl_exp, tenure, not_smsa, south변수가 통계적으로 유의미하다. 또한 시간효과는 1969년을 제외하고 유의미하지 않다. 맨 아래 F-검정 6.58은 그룹고정효과모형이 타당한지를 검정한 결과로 p값이 0.05보다 작아 고정효과모형이 타당하다.

그림 3-6 xi를 활용한 two-way FE 실행

```
. xi: xtreg ln_wage age ttl_exp tenure not_smsa south i.year, fe
i.year            _Iyear_68-88       (naturally coded; _Iyear_68 omitted)

Fixed-effects (within) regression          Number of obs      =      28093
Group variable: idcode                     Number of groups   =       4699

R-sq:  within  = 0.1547                     Obs per group: min =          1
       between = 0.3429                                    avg =        6.0
       overall = 0.2520                                    max =         15

                                           F(19,23375)        =     225.09
corr(u_i, Xb)  = 0.2023                     Prob > F           =     0.0000
```

ln_wage	Coef.	Std. Err.	t	P>|t|	[95% Conf. Interval]
age	.0114497	.0099824	1.15	0.251	-.0081165 .0310159
ttl_exp	.0323758	.0015046	21.52	0.000	.0294266 .035325
tenure	.0104689	.0009264	11.30	0.000	.0086531 .0122847
not_smsa	-.0914148	.0096386	-9.48	0.000	-.1103071 -.0725225
south	-.0640471	.0110539	-5.79	0.000	-.0857134 -.0423808
_Iyear_69	.0611772	.0157001	3.90	0.000	.0304039 .0919504
_Iyear_70	.0033993	.0231528	0.15	0.883	-.0419816 .0487803
_Iyear_71	.0227598	.0321551	0.71	0.479	-.0402663 .0857858
_Iyear_72	.0047612	.0416559	0.11	0.909	-.076887 .0864095
_Iyear_73	-.0176943	.0513166	-0.34	0.730	-.1182782 .0828896
_Iyear_75	-.0516632	.0705466	-0.73	0.464	-.1899392 .0866127
_Iyear_77	-.0466074	.0903023	-0.52	0.606	-.2236058 .1303911
_Iyear_78	-.0504256	.1006936	-0.50	0.617	-.2477916 .1469405
_Iyear_80	-.1085743	.120291	-0.90	0.367	-.3443525 .1272039
_Iyear_82	-.1658771	.1402327	-1.18	0.237	-.4407424 .1089881
_Iyear_83	-.1853376	.1501273	-1.23	0.217	-.479597 .1089218
_Iyear_85	-.209669	.1701648	-1.23	0.218	-.5432033 .1238652
_Iyear_87	-.2687673	.1903043	-1.41	0.158	-.6417763 .1042417
_Iyear_88	-.2681569	.2039071	-1.32	0.188	-.6678281 .1315143
_cons	1.25846	.1908232	6.59	0.000	.8844345 1.632486
sigma_u	.35923324				
sigma_e	.29390509				
rho	.59903117	(fraction of variance due to u_i)			

```
F test that all u_i=0:    F(4698, 23375) =     6.58        Prob > F = 0.0000
```

testparm(더미변수 유의성검증)

```
. testparm _Iyear_69-_Iyear_88

 ( 1)  _Iyear_69 = 0
 ( 2)  _Iyear_70 = 0
 ( 3)  _Iyear_71 = 0
 ( 4)  _Iyear_72 = 0
 ( 5)  _Iyear_73 = 0
 ( 6)  _Iyear_75 = 0
 ( 7)  _Iyear_77 = 0
 ( 8)  _Iyear_78 = 0
 ( 9)  _Iyear_80 = 0
 (10)  _Iyear_82 = 0
 (11)  _Iyear_83 = 0
 (12)  _Iyear_85 = 0
 (13)  _Iyear_87 = 0
 (14)  _Iyear_88 = 0

        F( 14, 23375) =   10.91
              Prob > F =    0.0000
```

연도더미변수가 유의한지 F검정을 위한 명령어는 testparm이다.

위 분석결과에서 F검정 p값이 0.01보다 작기 때문에 1% 유의수준에서 유의하기 때문에 연도더미변수의 시간특성효과가 존재한다는 해석이 가능하다.

3.4 자기상관관계검정(xttest2)

고정효과모형에서 패널개체 간 상관관계 여부를 검정하는 명령어는 xttest2이다.

그림 3-8 xttest2(FE 자기상관검정)

```
. use "http://www.stata-press.com/data/r12/invest2.dta", clear

. tsset company time
       panel variable:  company (strongly balanced)
        time variable:  time, 1 to 20
                delta:  1 unit

. qui xtreg invest market stock, fe

. xttest2

Correlation matrix of residuals:

          __e1      __e2      __e3      __e4      __e5
__e1    1.0000
__e2   -0.3042    1.0000
__e3   -0.0815    0.3979    1.0000
__e4   -0.2785    0.4419    0.9029    1.0000
__e5   -0.1784    0.1068   -0.1340   -0.0965    1.0000

Breusch-Pagan LM test of independence: chi2(10) =    28.322, Pr = 0.0016
Based on 20 complete observations
```

만약에 자기상관관계가 있다면 AR(1)을 적용하면 되는데, 명령어 xtreg에 ar을 추가하면 된다. 즉, xtregar invest market stock, fe를 적용하면 자기상관관계를 치유할 수 있다.

3.5 이분산성검정(xttest3)

만약에 이분산성이 존재한다면 vce(robust) 옵션을 적용하면 된다. 다시 말해 xtregar invest market stock, fe vce(robust)를 적용하면 이분산성을 치유할 수 있다.

그림 3-9 xttest3(FE 이분산 검정)

```
. xttest3

Modified Wald test for groupwise heteroskedasticity
in fixed effect regression model

H0: sigma(i)^2 = sigma^2 for all i

chi2 (5)   =      5012.45
Prob>chi2 =       0.0000
```

제4장

확률효과모형 RE

확률효과모형은 그룹 간(between) 정보와 그룹 내(within) 정보를 모두 사용하는 장점이 있다. 또한 $cov(x_{it},\ u_{it}) = 0$이라는 가정이 성립할 경우 고정효과모형에 비해 확률효과모형의 추정이 더 효율적이다. 왜냐하면 고정효과모형에서는 패널개체 더미변수를 포함하여 추정하기 때문에 패널개체 수만큼 자유도(df)가 손실되기 때문이다.

또한 $\theta_i \neq 1$라면 시간에 따라 변하지 않은 설명변수에 대한 추정계수를 얻을 수 있다.

임의효과모형은 모집단에서 무작위로 추출된 표본으로 확률분포를 따르는 확률변수가 된다. 특히, $cov(x,\ \mu_i) = 0$이라는 가정이 성립한다면 FE나 RE의 추정량이 모두 일치추정량이 되지만 $cov(x,\ \mu_i) \neq 0$이라면 RE의 추정량은 일치추정량이 되지 못하기 때문에 추정결과에 체계적 차이(systematic difference)가 존재한다. 이때 추정모형 선택에 관한 가설검정이 하우즈만 검정이다. 즉, 귀무가설인 $cov(x_{it},\ \mu_i) = 0$의 가정이 성립한다면 임의효과모형이 더 효율적이다.

이원확률효과모형은 이원고정효과와 동일한 맥락을 이해하면 된다. 확률효과모형의 명령어는 xtreg, re이며 옵션은 아래 그림과 같다.

그림 4-1 RE의 옵션

RE_options	Description
Model	
re	use random-effects estimator; the default
sa	use Swamy-Arora estimator of the variance components
SE/Robust	
vce(vcetype)	vcetype may be conventional, robust, cluster clustvar, bootstrap, or jackknife
Reporting	
level(#)	set confidence level; default is level(95)
theta	report theta
display options	control column formats, row spacing, line width, and display of omitted variables and base and empty cells
coeflegend	display legend instead of statistics

4.1 기본모형과 추정을 위한 가정

고정효과모형과 마찬가지로 기본모형은 $Y_{it} = \alpha + \beta x_{it} + u_i + \varepsilon_{it}$로 정의하면 된다. 다만 고정효과모형은 u_i를 모수로 간주하지만 확률효과모형은 u_i를 확률변수로 가정한다. 한편 고정효과모형은 상수항$(\alpha + u_i)$을 고정된 모수로 간주하지만 확률효과모형은 확률변수로 가정한다는 점에서 차이가 있다.

또 하나의 차이는 일치추정량을 얻기 위해 설명변수와 개체특성을 지닌 오차항 간에 상관관계가 없어야 한다. 다시 말해서 확률효과모형은 $corr(u_i,\ X) = 0$ (assumed)을 가정하기 때문에 일치추정량이 되기 위해서는 $cov(x_{it},\ u_i) = 0$이 되어야 한다(Wooldridge, 2015).

4.2 RE모형 추정

```
. tsset company time
       panel variable:  company (strongly balanced)
        time variable:  time, 1 to 20
                delta:  1 unit
```

xtreg, re 실행

```
. xtreg invest market stock, re

Random-effects GLS regression            Number of obs      =        100
Group variable: company                  Number of groups   =          5

R-sq:  within  = 0.8003                  Obs per group: min =         20
       between = 0.7696                                 avg =       20.0
       overall = 0.7781                                 max =         20

                                         Wald chi2(2)       =     384.93
corr(u_i, X)   = 0 (assumed)             Prob > chi2        =     0.0000
```

invest	Coef.	Std. Err.	z	P>|z|	[95% Conf. Interval]	
market	.1048856	.0147972	7.09	0.000	.0758835	.1338876
stock	.3460156	.0242535	14.27	0.000	.2984796	.3935517
_cons	-60.29049	54.48388	-1.11	0.268	-167.0769	46.49595
sigma_u	104.65267					
sigma_e	69.117977					
rho	.69628394	(fraction of variance due to u_i)				

위 분석결과에 의하면 market과 stock변수는 통계적으로 유의미하다는 것을 알 수 있다. 또한 p값이 아주 작기 때문에 확률효과모형이 타당하다고 할 수 있다.

그림 4-3 theta를 적용한 Re

```
. xtreg invest market stock, re theta

Random-effects GLS regression              Number of obs      =        100
Group variable: company                    Number of groups   =          5

R-sq:  within  = 0.8003                     Obs per group: min =         20
       between = 0.7696                                    avg =       20.0
       overall = 0.7781                                    max =         20

                                            Wald chi2(2)       =     384.93
corr(u_i, X)    = 0 (assumed)               Prob > chi2        =     0.0000
theta           = .85390321
```

invest	Coef.	Std. Err.	z	P>|z|	[95% Conf. Interval]	
market	.1048856	.0147972	7.09	0.000	.0758835	.1338876
stock	.3460156	.0242535	14.27	0.000	.2984796	.3935517
_cons	-60.29049	54.48388	-1.11	0.268	-167.0769	46.49595

sigma_u	104.65267					
sigma_e	69.117977					
rho	.69628394	(fraction of variance due to u_i)				

　　종전의 분석모형에 theta를 적용하여 θ_i에 대한 추정치를 구했는데 .8539이다. 이는 확률효과모형의 일치추정량을 얻기 위한 가정인 $cov(x_{it}, u_i) = 0$하에서 추정결과라고 이해하면 된다.

4.3 오차항에 대한 가설검정(xttest0)

그림 4-4 xttest(확률효과의 타당성 검정)

```
. qui xtreg invest market stock, re

. xttest0

Breusch and Pagan Lagrangian multiplier test for random effects

        invest[company,t] = Xb + u[company] + e[company,t]

        Estimated results:
                          |     Var      sd = sqrt(Var)
                 ---------+------------------------------
                   invest |   71751.9       267.8654
                        e |   4777.295      69.11798
                        u |   10952.18      104.6527

        Test:   Var(u) = 0
                            chibar2(01) =    453.82
                          Prob > chibar2 =   0.0000
```

xttest0은 확률효과모형을 추정할 때 Breusch and Pagan의 LM(Lagrangian Multiplier) 검정결과이다. 검정결과 p값이 0.01보다 작기 때문에 1% 유의수준에서 Var(u)=0이라는 귀무가설을 기각한다. 즉, pooled OLS보다는 패널개체의 특성을 고려한 확률효과모형이 더 적절하다.

4.4 이분산성검정(xttest1)

확률효과모형에서 확률효과 존재 여부 등을 검정하는 명령어가 xttest1이다. 다만 균형패널에서만 실행된다.

그림 4-5 xttest1(이분산 검정)

```
. xttest1

Tests for the error component model:

        invest[company,t] = Xb + u[company] + v[company,t]
            v[company,t] = lambda v[company,(t-1)] + e[company,t]

        Estimated results:
                    |       Var      sd = sqrt(Var)
            --------+----------------------------------
             invest |    71751.9         267.8654
                  e |    4777.295        69.117977
                  u |    10952.18        104.65267

Tests:
    Random Effects, Two Sided:
    ALM(Var(u)=0)              =   384.18 Pr>chi2(1) =  0.0000

    Random Effects, One Sided:
    ALM(Var(u)=0)              =    19.60 Pr>N(0,1)  =  0.0000

    Serial Correlation:
    ALM(lambda=0)              =     3.71 Pr>chi2(1) =  0.0540

    Joint Test:
    LM(Var(u)=0,lambda=0) =  457.53 Pr>chi2(2) =  0.0000
```

위 분석결과를 설명하면 확률효과가 존재하는지 검정하고 있는 Random Effects, Two Sided: ALM(Var(u) = 0) = 384.18, Pr > chi2(1) = 0.0000을 xttest0의 결과와 동일하게 RE가 적절하다는 것을 설명하고 있다. 따라서 xttest1은 xttest0

의 확장된 모형이라 볼 수 있다.

그 아래 Random Effects, One Sided: ALM(Var(u)=0)=19.60, Pr>N(0, 1)
=0.0000으로 확률효과가 존재한다고 할 수 있다. 자기상관관계 여부를 검정하기
위한 Serial Correlation: ALM(lambda=0)=3.71, Pr>chi2(1)=0.0540은 p값이
0.05보다 크기 때문에 자기상관이 존재하지 않는다고 할 수 있다.

Joint Test: LM(Var(u)=0, lambda=0)=457.53 Pr>chi2(2)=0.0000은 확률
효과의 존재 여부와 자기상관의 존재 여부를 동시에 검정한 결과 귀무가설이 기
각된다. 결과를 함축하면 확률효과를 충족하고 자기상관이 존재하지 않는다고 할
수 있다.

예를 들어 위 분석결과에서 다른 조건은 동일하고 Serial Correlation:
ALM(lambda=0)=10.4534, Pr>chi2(1)=0.0012라면 자기상관이 존재하므로 1계
자기상관을 가정하면서 확률효과모형을 추정하면 된다.

이에 대한 명령어는 xtregar invest market stock, re이다. 자기상관을 통제하
기 위한 AR(1)을 적용하여 고정효과모형 및 확률효과모형을 분석해본다. 이를 위
해 예제데이터파일 r15/grunfeld.dta을 활용한다.

그림 4-6 자기상관(ar1)을 적용한 FE

```
. tsset company year
        panel variable:  company (strongly balanced)
         time variable:  year, 1935 to 1954
                delta:  1 year

. xtregar invest mvalue kstock, fe

FE (within) regression with AR(1) disturbances   Number of obs      =        190
Group variable: company                          Number of groups   =         10

R-sq:  within  = 0.5927                           Obs per group: min =         19
       between = 0.7989                                          avg =       19.0
       overall = 0.7904                                          max =         19

                                                  F(2,178)           =     129.49
corr(u_i, Xb)  = -0.0454                          Prob > F           =     0.0000
```

invest	Coef.	Std. Err.	t	P>|t|	[95% Conf. Interval]	
mvalue	.0949999	.0091377	10.40	0.000	.0769677	.113032
kstock	.350161	.0293747	11.92	0.000	.2921935	.4081286
_cons	-63.22022	5.648271	-11.19	0.000	-74.36641	-52.07402

rho_ar	.67210608	
sigma_u	91.507609	
sigma_e	40.992469	
rho_fov	.8328647	(fraction of variance because of u_i)

```
F test that all u_i=0:     F(9,178) =     11.53              Prob > F = 0.0000
```

만약 가설검정결과 자기상관이 존재한다면, 1계 자기상관이 존재한다는 가정 하에 고정효과모형을 추정할 수 있다. 추정을 위한 명령어는 xtreg에 ar를 추가한 xtregar인데, 옵션으로 fe나 re를 사용할 수 있다.

분석결과 mvalu와 kstock변수 모두 통계적으로 유의미하고 F검정결과 11.53으로 고정효과모형이 타당하다고 할 수 있다.

그림 4-7 자기상관(ar1)을 적용한 RE

```
. xtregar invest mvalue kstock, re

RE GLS regression with AR(1) disturbances      Number of obs     =       200
Group variable: company                        Number of groups  =        10

R-sq:  within  = 0.7649                         Obs per group: min =        20
       between = 0.8068                                         avg =      20.0
       overall = 0.7967                                         max =        20

                                                Wald chi2(3)      =    360.31
corr(u_i, Xb)      = 0 (assumed)                Prob > chi2       =    0.0000
```

invest	Coef.	Std. Err.	z	P>|z|	[95% Conf. Interval]	
mvalue	.0949215	.0082168	11.55	0.000	.0788168	.1110262
kstock	.3196589	.0258618	12.36	0.000	.2689707	.3703471
_cons	-44.38123	26.97525	-1.65	0.100	-97.25175	8.489292
rho_ar	.67210608	(estimated autocorrelation coefficient)				
sigma_u	74.517098					
sigma_e	41.482494					
rho_fov	.7634186	(fraction of variance due to u_i)				
theta	.67315699					

<그림 4-6>과 동일한 맥락에서 두 설명변수는 통계적으로 유의미하고 확률효과모형이 타당하다고 할 수 있다.

4.5 Hausman검정

고정효과모형과 임의효과모형 중 어느 모형이 적절한 모형인지 추정하기 위해서 설명변수와 개별효과 교란항 사이에 상관관계가 존재하는가 여부를 분석해야 한다. 이를 위해 하우즈만 검정(Hausman test)이 권고된다.

즉, 고정효과모델과 임의효과모델 중 어떠한 모델이 보다 타당성을 갖는가는

무엇보다 개별효과(ϵ)와 독립변수(x) 간의 상관관계 여부에 따라 달라진다. 즉, 개별효과와 독립변수 간에 상관관계가 있다면 고정효과모형을 선택하고, 상관관계가 없다면 임의효과모형을 이용하는 것이 적절하다(Kennedy, 2003: 302-312; Wooldridge, 2015: 493).

ref.) 하우즈만 검정

패널분석시 기본모형($Y_{it} = \alpha + \beta x_{it} + u_i + \varepsilon_{it}$)에서 오차항 u_i를 고정효과로 볼 것인지, 확률효과로 볼 것인지에 따라 상수항이 달라지는 모형($Y_{it} = (\alpha + u_i) + \beta x_{it} + \varepsilon_{it}$)으로 쓸 수 있다.

이때 고정효과모형은 상수항 $(\alpha + u_i)$을 패널개체별로 고정되어 있는 모수(parameter)로 해석하고 개체의 특성을 의미한다. 임의효과모형은 모집단에서 무작위로 추출된 표본으로 확률분포를 따르는 확률변수가 된다. 특히, $cov(x, \mu_i) = 0$이라는 가정이 성립한다면 FE나 RE의 추정량이 모두 일치추정량이 되지만 $cov(x_{it}, \mu_i) \neq 0$이라면 RE의 추정량은 일치추정량이 되지 못하기 때문에 추정결과에 체계적 차이(systematic difference)가 존재한다. 이때 추정모형 선택에 관한 가설검정이 하우즈만 검정이다. 즉, 귀무가설인 $cov(x_{it}, \mu_i) = 0$의 가정이 성립한다면 임의효과모형이 더 효율적이고, 틀리다면 고정효과모형을 선택하는 것이 더 효율적이다(Wooldridge, 2015).

하우즈만 검정통계량(H)은 χ^2분포를 따르며 다음과 같은 가정에 근거한다 (stata manual 14).

$$H = (\beta_c - \beta_e)' (V_c - V_e)^{-1} (\beta_c - \beta_e), \text{ 이때}$$

β_c is the coefficient vector from the consistent estimator

β_e is the coefficient vector from the efficient estimator

V_c is the covariance matrix of the consistent estimator

V_e is the covariance matrix of the efficient estimator

하우즈만 검정은 일치추정과 효율적 추정의 체계적인 차이를 검증하기 위한 방법으로 먼저 입력하는 FE는 $cov(x_{it}, u_i) = 0$과 $cov(x_{it}, u_i) \neq 0$하에서 모두 일치추정 모형이지만 나중의 RE는 $cov(x_{it}, u_i) \neq 0$하에서 일치추정량은 아니다. 하지만 $cov(x_{it}, u_i) = 0$하에서 효율적인 추정량을 얻는 모형으로 $H = (\widehat{\beta_{FE}} - \widehat{\beta_{RE}})'(var\widehat{\beta_{FE}} - var\widehat{\beta_{RE}})^{-1}(\widehat{\beta_{FE}} - \widehat{\beta_{RE}})$로 정의하여도 동일하다(Wooldridge, 2015).

hausman 검정을 위한 명령어는 반드시 고정효과를 먼저 적고 그 다음 확률효과를 써주어야 한다.

그림 4-8 hausman test

```
. qui xtregar invest mvalue kstock, fe

. estimates store FE

. qui xtregar invest mvalue kstock, re

. estimates store RE

. hausman FE RE

                 ——— Coefficients ———
                  (b)          (B)          (b-B)      sqrt(diag(V_b-V_B))
                  FE           RE           Difference        S.E.
    ─────────────────────────────────────────────────────────────────────
    mvalue      .0949999     .0949215      .0000784        .0039977
    kstock      .350161      .3196589      .0305022        .0139299

                   b = consistent under Ho and Ha; obtained from xtregar
          B = inconsistent under Ha, efficient under Ho; obtained from xtregar

    Test:  Ho:  difference in coefficients not systematic

          chi2(2) = (b-B)'[(V_b-V_B)^(-1)](b-B)
                  =        7.71
        Prob>chi2 =     0.0212
```

위 분석결과에 의하면 hausman 검정에 의해 제시된 검정통계량은 7.71이고, p값(0.0212)이 0.05보다 작기 때문에 5% 유의수준에서 귀무가설이 기각된다. 따라서 확률효과모형과 고정효과모형 중에서 고정효과모형을 선택하는 것이 더 적절하다.

4.6 추정결과의 편집(estout)

Stata에서는 추정결과를 표로 만드는 방법은 estimates table과 estout이 있고, xml_tab이 있다. xml_tab은 엑셀과 연동되고, estimates table과 estout은 결과창에 표시된다. 먼저 xml_tab을 이용한 방법과 estimates table 및 estout 방법으로 구분지어 설명한다.

추정결과의 편집을 위해 제시하고자 하는 여러 모형을 추정한 뒤 estimates store 뒤에 지정할 문자를 부여하는 과정까지는 동일한 과정을 거치지만 그 다음은 다소 차이가 있다. 아래에서 qui 명령어를 적용하면 분석은 실행하되 분석결과는 결과창에 띄우지 않게 된다. 다시 말해 qui는 실제분석은 하되, 표시는 하지말라는 의미이다.

그림 4-9 qui를 활용한 다양한 추정

```
. qui xtreg invest mvalue kstock, fe

. estimates store FE

. qui xtreg invest mvalue kstock, re

. estimates store RE

. qui xtregar invest mvalue kstock, fe

. estimates store FE_AR

. qui xtregar invest mvalue kstock, re

. estimates store RE_AR
```

먼저 xml_tab을 알아보면 다음과 같다. 위와 같이 추정과정을 거친 다음 xml_tab 명령어 다음에 추정결과의 이름을 순서대로 나열한 다음 저장하고자 하는 디렉토리를 지정하면 다음과 같다.

그림 4-10 xml_tab 엑셀에 표저장하기

```
. xml_tab FE RE FE_AR RE_AR, save(c:\data1.xml)


note: results saved to c:\data1.xml
 click here to open with Excel
```

이렇듯 명령어를 실행하면 click here가 제시되는데 이를 적용하면 다음과 같이 엑셀과 연동하여 표가 만들어진다. 특별하게 추정계수와 표준편차를 제시하고 추정계수의 유의성을 1%, 5%, 10% 수준에서 설정해준다.

그림 4-11 엑셀창에 표 실행

A	B	C	D	E	F	G	H	I
	FE		RE		FE_AR		RE_AR	
	coef	se	coef	se	coef	se	coef	se
mvalue	0.110***	0.012	0.110***	0.010	0.095***	0.009	0.095***	0.008
kstock	0.310***	0.017	0.308***	0.017	0.350***	0.029	0.320***	0.026
_cons	-58.744***	12.454	-57.834**	28.899	-63.220***	5.648	-44.381*	26.975
note: *** p<0.01, ** p<0.05, * p<0.1								

다음은 estout에 대해 설명한다. xml_tab모형과 추정과정은 동일하다. 즉, qui xtreg invest mvalue kstock, fe부터 estimates store RE_AR까지 동일한 과정을 거쳐야 한다.

estimates table을 이용하는 방법과 estout을 이용하는 방법은 연구자가 필요로 하는 세부적인 사항을 명령어로 입력해야 한다는 점에서 차이가 있다.

명령어에서 다소 차이를 보이고 있는데 다음과 같다.

estimates table FE RE FE_AR RE_AR, (b%9.3f)) eq(1) star(0.01 0.05 0.1)

estout FE RE FE_AR RE_AR, cells(b(star fmt(%9.3f)) se(par fmt(%9.3f)))
starlevels(0.1 ** 0.05 *** 0.01)*

위 명령어를 간략히 설명하자면 cells에는 추정계수와 표준오차를 적는데 소수점 이하 3자리까지 적고, 유의성 표시는 0.1에 별표 하나(*)를, 0.05에 별표 두 개(**)를, 0.01에는 별표 세 개(***)를 표시하라고 정의하였다.

그림 4-12 estout을 활용한 표 편집

```
. estout FE RE FE_AR RE_AR, cells(b(star fmt(%9.3f)) se(par fmt(%9.3f))) starlevels(* 0.1 ** 0.
> 05 *** 0.01)

             FE        RE       FE_AR     RE_AR
            b/se      b/se      b/se      b/se
mvalue    0.110***            0.110***  0.095***            0.095***
          (0.012)   (0.010)   (0.009)   (0.008)
kstock    0.310***            0.308***  0.350***            0.320***
          (0.017)   (0.017)   (0.029)   (0.026)
_cons     -58.744***          -57.834** -63.220***          -44.381*
          (12.454)            (28.899)  (5.648)   (26.975)
```

그림 4-13 분석결과의 복사방법

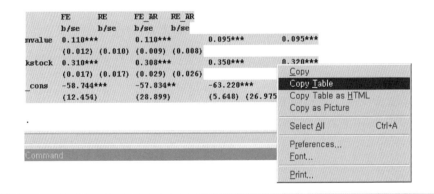

<그림 4-13>과 같이 추정결과를 복사(copy table)한 다음에 한글에 붙여넣기를 해야 한다. 그 후 표시된 모든 내용을 드래그한 후 한글메뉴에서 표를 선택하고 "문자열을 표로"라는 메뉴를 선택한다. 그 다음 "자동으로 넣기"를 선택하면 된다(한글 2014에서는 입력>표>문자열을 표로>자동으로 넣기 순임).

그림 4-14 한글에서 표 편집하기(한글 2010 기준)

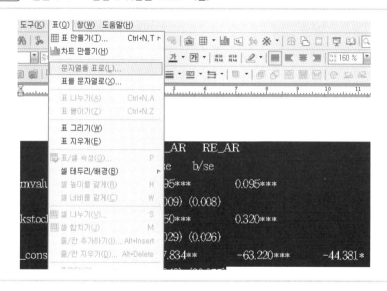

그림 4-15　문자열을 표로 만들기

표 4-1　완성된 표

variable	FE (b/se)	RE (b/se)	FE_AR (b/se)	RE_AR (b/se)
mvalue	0.110***	0.110***	0.095***	0.095***
	(0.012)	(0.010)	(0.009)	(0.008)
kstock	0.310***	0.308***	0.350***	0.320***
	(0.017)	(0.017)	(0.029)	(0.026)
_cons	−58.744***	−57.834**	−63.220***	−44.381*
	(12.454)	(28.899)	(5.648)	(26.975)

　　최종으로 일부수정작업을 거쳐야 한다. 경우에 따라 한두 개의 셀이 앞뒤로 밀리기 때문이다. 하지만 쉽게 수정이 가능하며 <표 4-1>이 완성된다.

ref.) 카테고리별 분석결과의 편집

지금까지는 통계분석기법(FE, RE, FE_AR, RE_AR)에 근거하여 분석결과를 편집
하였다. 그러나 경우에 따라 연구자가 광역시·도, 시, 군, 자치구로 분석모형을 설
정하여 분석할 필요성이 있다. 예컨대 카테고리(country_type)는 광역시도는 1,
시는 2, 군은 3, 자치구는 4일 경우를 가정하여 분석하는 방법을 소개한다.

고정효과모형에 관한 일괄적인 분석은 다음과 같은 명령어를 통해 분석이 가능하
다(예, by country_type, sort: xtreg lndebts2_pc lnsharingtax_pc lnsudside_pc
lnpopulation_density financial_index1 age65, fe).

  → country_type=3
  → country_type=4 등 4개의 분석결과가 동일하게 제시되는데 이를 편집하
    기에는 많은 수고를 해야 한다.

이러한 경우에 카테고리별로 분석한 후 분석결과를 저장(estimates)하여 편집
(estout)하면 수월하다. 이 과정은 이미 살펴본 내용과 동일하다. 다만 그 분석과
정을 간략히 알아보면 다음과 같다.

즉, by country_type, sort: 대신에 xtreg 종속변수 독립변수 if country_type = =
1, fe를 분석한 후 estimates store 1, 동일한 명령어에 country_type = =2, 3, 4
를 적용한 후 estimates store 2, 3, 4를 적용하면 된다.

이러한 과정이 완료되면 estout 1 2 3 4, cells(b(star fmt(%9.3f)) se(par
fmt(%9.3f))) starlevels(* 0.1 ** 0.05 *** 0.01)를 입력하면 종전에 알아보았던 분
석결과가 도출된다.

```
-> country_type = 1

Fixed-effects (within) regression          Number of obs      =        45
Group variable: id                         Number of groups   =        15

R-sq:  within  = 0.5047                     Obs per group: min =         3
       between = 0.0987                                   avg =       3.0
       overall = 0.0812                                   max =         3

                                            F(5,25)            =      5.09
corr(u_i, Xb)  = -0.9995                    Prob > F           =    0.0023
```

lndebts2_pc	Coef.	Std. Err.	t	P>|t|	[95% Conf. Interval]	
lnshari~x_pc	.0202004	.1147468	0.18	0.862	-.2161252	.2565259
lnsudside_pc	.793803	.3623776	2.19	0.038	.0474723	1.540134
lnpopulati~y	-7.607611	3.847593	-1.98	0.059	-15.53188	.3166539
financial_~1	.0065197	.0090134	0.72	0.476	-.0120437	.0250831
age65	.0807038	.1469255	0.55	0.588	-.2218949	.3833024
_cons	51.41468	26.07358	1.97	0.060	-2.284865	105.1142
sigma_u	12.716046					
sigma_e	.15885951					
rho	.99984395	(fraction of variance due to u_i)				

```
F test that all u_i=0:      F(14, 25) =      3.83              Prob > F = 0.0017


-> country_type = 2
```

제5장

PCSE 모형

● ● ● ●

5.1 기본모형과 추정을 위한 가정

패널데이터를 활용하여 분석하기 전에 자기상관과 이분산이 있는지 검증할 필요가 있다. 고정효과모형(FE)이나 임의효과모형(RE)을 활용할 경우 옵션으로 이분산 등을 치유할 수도 있다(vce(robust) 등). 그러나 개체별 특성이 뚜렷하여 개체별 속성을 감안하면서 분석할 필요가 있는데, 이때 Prais-Winsten과 PCSE(Panel corrected standard error)를 활용할 것을 권고하고 있다. PCSEs는 표준 오차 및 분산-공분산 추정치를 계산할 때 이분산 및 패널지표 간 동시성이 있다고 가정하고 분석한다(STATA 15 Mannual).

PCSE는 잔차 간 상관관계가 없고 동분산이어야 한다는 영가설을 기각할 수 있어야 한다. PCSE 방법은 다른 통계방법과 표준오차의 계산방식이 다르다. 여러 시간에 걸쳐 동일하게 나타나는 분석단위의 공통된 분산을 공유하고, 분석단위 간 상관관계를 동시에 고려해야 한다는 가정을 전제하고 있다(Beck and Katz, 1995).

그림 5-1 PCSE의 옵션

options	Description
Model	
noconstant	suppress constant term
correlation(independent)	use independent autocorrelation structure
correlation(ar1)	use AR1 autocorrelation structure
correlation(psar1)	use panel-specific AR1 autocorrelation structure
rhotype(calc)	specify method to compute autocorrelation parameter; seldom used
np1	weight panel-specific autocorrelations by panel sizes
hetonly	assume panel-level heteroskedastic errors
independent	assume independent errors across panels
by/if/in	
casewise	include only observations with complete cases
pairwise	include all available observations with nonmissing pairs
SE	
nmk	normalize standard errors by $N-k$ instead of N
Reporting	
level(#)	set confidence level; default is level(95)
detail	report list of gaps in time series
display_options	control column formats, row spacing, line width, display of omitted variables and base and empty cells, and factor-variable labeling
coeflegend	display legend instead of statistics

5.2 PCSE 모형 추정

pcse 모형 추정명령어는 xtpcse이다. 실증분석을 위한 옵션 중에서 'hetonly'와 'independent'는 pcse 추정시 표준이라 할 수 있고, 'np1'은 불균형패널이면서, 자기상관(ar1)이 존재할 때 효과적이다(STATA manual 15, 288).

기본모형은 $y = X\beta + e_{it}$이며, 이때 $i = 1,...,m$은 패널개체의 수이고, $t = 1,..., T_i$는 패널데이터의 포괄기간이 au, e_{it}는 개체 i와 t의 오차항이다.

분석을 위해 활용되는 파일은 r15/grunfeld.dta이다.

. use http://www.stata−press.com/data/r14/grunfeld.dta

그림 5-2 기본 pcse 분석

```
. tsset c year
        panel variable:  company (strongly balanced)
         time variable:  year, 1935 to 1954
                 delta:  1 year

. xtpcse invest mvalue kstock

Linear regression, correlated panels corrected standard errors (PCSEs)

Group variable:    company              Number of obs      =        200
Time variable:     year                 Number of groups   =         10
Panels:            correlated (balanced) Obs per group: min =         20
Autocorrelation:   no autocorrelation                      avg =         20
                                                            max =         20
Estimated covariances      =       55    R-squared          =     0.8124
Estimated autocorrelations =        0    Wald chi2(2)       =     637.41
Estimated coefficients     =        3    Prob > chi2        =     0.0000
```

	Coef.	Panel-corrected Std. Err.	z	P>|z|	[95% Conf.	Interval]
invest						
mvalue	.1155622	.0072124	16.02	0.000	.101426	.1296983
kstock	.2306785	.0278862	8.27	0.000	.1760225	.2853345
_cons	-42.71437	6.780965	-6.30	0.000	-56.00482	-29.42392

위 분석결과에 의하면 mvalue, kstock이 invest에 미치는 영향은 유의미함을 알 수 있다.

그림 5-3 패널 GLS와 비교

```
. xtgls invest mvalue kstock, panels(corr)

Cross-sectional time-series FGLS regression

Coefficients:  generalized least squares
Panels:        heteroskedastic with cross-sectional correlation
Correlation:   no autocorrelation

Estimated covariances      =        55      Number of obs      =       200
Estimated autocorrelations =         0      Number of groups   =        10
Estimated coefficients     =         3      Time periods       =        20
                                            Wald chi2(2)       =   3738.07
                                            Prob > chi2        =    0.0000
```

invest	Coef.	Std. Err.	z	P>|z|	[95% Conf. Interval]	
mvalue	.1127515	.0022364	50.42	0.000	.1083683	.1171347
kstock	.2231176	.0057363	38.90	0.000	.2118746	.2343605
_cons	-39.84382	1.717563	-23.20	0.000	-43.21018	-36.47746

패널 GLS 분석결과, 위 분석결과와 유사하게 mvalue, kstock이 invest에 미치는 영향은 통계적으로 유의미함을 알 수 있다.

그림 5-4 자기상관을 고려한 pcse 분석

```
. xtpcse invest mvalue kstock, corr(ar1)
(note: estimates of rho outside [-1,1] bounded to be in the range [-1,1])

Prais-Winsten regression, correlated panels corrected standard errors (PCSEs)

Group variable:    company                Number of obs     =        200
Time variable:     year                   Number of groups  =         10
Panels:            correlated (balanced)  Obs per group: min =        20
Autocorrelation:   common AR(1)                          avg =         20
                                                         max =         20
Estimated covariances      =       55    R-squared         =     0.5468
Estimated autocorrelations =        1    Wald chi2(2)      =      93.71
Estimated coefficients     =        3    Prob > chi2       =     0.0000

------------------------------------------------------------------------
             |              Panel-corrected
      invest |      Coef.   Std. Err.      z    P>|z|    [95% Conf. Interval]
-------------+----------------------------------------------------------
      mvalue |   .0950157   .0129934     7.31   0.000    .0695492    .1204822
      kstock |    .306005   .0603718     5.07   0.000    .1876784    .4243317
       _cons | -39.12569   30.50355    -1.28   0.200   -98.91154    20.66016
-------------+----------------------------------------------------------
         rho |   .9059774
------------------------------------------------------------------------
```

자기상관(ar1)을 고려한 분석결과, 위 두 분석결과와 유사하게 mvalue, kstock이 invest에 미치는 영향은 유의미함을 알 수 있다. 다만 추정치가 다소 낮게 나타난다. 예를 들어 mvalue가 0.11에서 0.09로 낮아짐을 알 수 있다.

그림 5-5 1계 자기상관과 자기상관을 고려한 pcse 분석

```
. xtpcse invest mvalue kstock, corr(psar1) rhotype(tscorr)

Prais-Winsten regression, correlated panels corrected standard errors (PCSEs)

Group variable:    company              Number of obs      =       200
Time variable:     year                 Number of groups   =        10
Panels:            correlated (balanced)  Obs per group: min =        20
Autocorrelation:   panel-specific AR(1)                 avg =        20
                                                        max =        20
Estimated covariances       =       55   R-squared          =    0.8670
Estimated autocorrelations  =       10   Wald chi2(2)       =    444.53
Estimated coefficients      =        3   Prob > chi2        =    0.0000
```

		Panel-corrected				
invest	Coef.	Std. Err.	z	P>|z|	[95% Conf.	Interval]
mvalue	.1052613	.0086018	12.24	0.000	.0884021	.1221205
kstock	.3386743	.0367568	9.21	0.000	.2666322	.4107163
_cons	-58.18714	12.63687	-4.60	0.000	-82.95496	-33.41933

```
    rhos =  .5135627    .87017  .9023497    .63368  .8571502 ...  .8752707
```

1계 자기상관(ar1)과 자기상관(ar)을 고려한 분석결과에 의하면 mvalue, kstock이 invest에 미치는 영향은 유의미함을 알 수 있다.

그림 5-6) 자기상관과 이분산을 고려한 pcse분석

```
. xtpcse invest mvalue kstock, corr(ar1) hetonly
(note: estimates of rho outside [-1,1] bounded to be in the range [-1,1])

Prais-Winsten regression, heteroskedastic panels corrected standard errors

Group variable:     company                  Number of obs      =       200
Time variable:      year                     Number of groups   =        10
Panels:             heteroskedastic (balanced) Obs per group: min =       20
Autocorrelation:    common AR(1)                            avg =        20
                                                            max =        20
Estimated covariances        =       10      R-squared          =    0.5468
Estimated autocorrelations =         1      Wald chi2(2)       =     91.72
Estimated coefficients       =        3      Prob > chi2        =    0.0000
```

invest	Coef.	Het-corrected Std. Err.	z	P>|z|	[95% Conf. Interval]	
mvalue	.0950157	.0130872	7.26	0.000	.0693653	.1206661
kstock	.306005	.061432	4.98	0.000	.1856006	.4264095
_cons	-39.12569	26.16935	-1.50	0.135	-90.41666	12.16529
rho	.9059774					

자기상관(ar1)과 이분산을 고려한 분석결과에 의하면 mvalue, kstock이 invest에 미치는 영향은 유의미함을 알 수 있다. 특히 <그림 5-6>과 추정치 (coef.) 동일하다. 다만 수정(이분산, 자기상관)표준오차만 차이를 보인다.

지금까지 분석한 내용을 do-file로 작성한 결과이다.

그림 5-7) xtpcse do-file

```
Untitled.do*
1    /* pcse*/
2    use http://www.stata-press.com/data/r13/grunfeld.dta
3    tsset c year
4    xtpcse invest mvalue kstock
5    xtgls invest mvalue kstock, panels(corr)
6    xtpcse invest mvalue kstock, corr(ar1)
7    xtpcse invest mvalue kstock, corr(psar1) rhotype(tscorr)
8    xtpcse invest mvalue kstock, corr(ar1) hetonly
```

제6장

동적패널모형

동적패널모형(dynamic panel model)은 일반적으로 경제성장 등을 설명하고자 할 때 활용된다. 한마디로 종속변수의 과거값(예: t−1, t−2 등)을 설명변수로 사용할 경우 종속변수에 미치는 영향은 지대할 것임을 예측할 수 있다. 동적패널모형은 이를 통제하기 위한 하나의 분석기법이다. 즉, 종속변수를 GDP_pc로 설정한 경우 종속변수의 과거값(GDP_pc t-1, t-2 등)을 설명변수로 사용한 모델이다. 이 모형은 bond 모형이라 부르기도 하는데(xtabond), 옵션은 아래 <그림 6-1>과 같다.

그림 6-1 xtabond의 옵션

options	Description
Model	
noconstant	suppress constant term
diffvars(*varlist*)	already-differenced exogenous variables
inst(*varlist*)	additional instrument variables
lags(#)	use # lags of dependent variable as covariates; default is lags(1)
maxldep(#)	maximum lags of dependent variable for use as instruments
maxlags(#)	maximum lags of predetermined and endogenous variables for use as instruments
twostep	compute the two-step estimator instead of the one-step estimator
Predetermined	
pre(*varlist*[...])	predetermined variables; can be specified more than once
Endogenous	
endogenous(*varlist*[...])	endogenous variables; can be specified more than once
SE/Robust	
vce(*vcetype*)	*vcetype* may be gmm or robust
Reporting	
level(#)	set confidence level; default is level(95)
artests(#)	use # as maximum order for AR tests; default is artests(2)
display options	control spacing and line width
coeflegend	display legend instead of statistics

자료: stata manual 15.

6.1 기본모형 및 추정을 위한 가정

일반적으로 패널선형회귀모형의 기본가정은 다음과 같다.

$$y_{it} = \beta_0 + \gamma y_{it-1} + \beta_1 x_{it} + \beta_2 x_{it} + u_i + e_{it}$$

위 방정식을 추정할 때 u_i를 고정효과로 가정하고 within으로 추정할 수 있다. 즉, y_{it-1}을 within으로 변환하면 $(y_{it-1} - \overline{y_i})$가 설명변수가 되고, 오차항은 $(e_{it} - \overline{e_i})$가 되는데 $\overline{e_i}$는 e_{it-1}을 포함하고 있어 설명변수와 오차항이 상관관계를 갖게 된다.

즉, $cov(y_{it-1} - \overline{y_i},\ e_{it-1} - \overline{e_i}) \neq 0$이다. 따라서 일치추정량이 될 수 없다. 또 다른 방법으로 1차 차분모형을 생각할 수 있는데 이 또한 설명변수 $\triangle y_{it-1} = y_{it-1} - y_{it-2}$이 설명변수가 되고 오차항은 $\triangle e_{it-1} = e_{it-1} - e_{it-2}$가 되어 결국 $cov(y_{it-1}, e_{it-1}) \neq 0$가 되어 일치추정량이 되지 못한다.

확률효과모형으로 추정하여도 오차항 u_i가 사라지지 않아 설명변수와 오차항 간 상관관계가 존재하기 때문에 역시 일치추정량을 얻지 못한다. 이를 해결하기 위해 오차항을 제거하면 된다. 그 방법으로는 오차항을 제거하는 고정효과모형이나 1차 차분모형을 적용하고 대신 내생성(endogeneity)을 해결하기 위한 도구변수 추정을 선택하면 된다.

도구변수 추정은 FE2SLS(xtivreg, fe)와 FD2SLS(xtivreg, fd)을 활용할 수 있는데 FE2SLS는 여전히 오차항과 도구변수 간 상관관계가 존재하기 때문에 일치추정량을 구할 수 없다. 따라서 FD2SLS(xtivreg, fd)가 유용하다고 할 수 있다.

이렇듯 종속변수의 과거값을 도구변수로 사용하여 추정량을 구하는 2SLS도 고려할 수 있지만, Allerano & Bond(1991)가 제시한 GMM 추정과 Allerano & Bond(1995)와 Blundello & Bond(1998)가 제시한 System GMM에 대해 설명하고자 한다.

6.2 Allerano & Bond 추정

Allerano & Bond 모형을 추정하기 위해 사용된 예제데이터 파일은 r15/abdata.dta이다. 이미 설명한 바와 같이 xtivreg, fd명령을 이용하여 일치추정량을 구할 때와는 달리 lags(#)옵션을 지정해주면 된다. 예를 들어 다음 추정모형에서 lags(2)를 지정하면 도구변수를 따로 지정하지 않아도 종속변수 n에 대한 종속변수의 과거값 자체(예: $n\ L_1$, $n\ L_2$)를 도구변수로 활용하여 분석한다. 그 옵션은 <그림 6-2>에서 설명하고 있듯이 lags(2) noconstant라 지정해주면 된다.

다음 분석결과에서 GMM-type: L(2/ .).n은 도구변수로 활용된 종속변수의 과거값들을 표시해준다.

xtabond 실행 후 과대 식별(over identify)의 적절성 여부를 확인할 필요가 있다. 아래 검정결과에 귀무가설인 과대 식별이 적절하기 때문에 귀무가설을 기각할 수 있다. 다만 도구변수의 수가 41개이고, 그룹의 수가 140이므로 sargan 검정의 신뢰성은 문제가 없다고 볼 수 있다.

특히, Allerano & Bond(1991)는 이분산성이 존재하는 경우 one-step sargan 검정은 신뢰할 수 없다는 점을 지적하면서 데이터 생성과정에서 이분산성이 없었다면 모형의 재설정이나 도구변수를 다시 고려할 필요가 있다고 주장한다. 대안으로 two-step sargan 검정을 제시하고 있다(STATA Mannual, 15).

그림 6-2 xtabond 실행

```
. xtabond n l(0/1).w l(0/2).(k ys) yr1980-yr1984, lags(2) noconstant

Arellano-Bond dynamic panel-data estimation   Number of obs      =      611
Group variable: id                            Number of groups   =      140
Time variable: year
                                              Obs per group:   min =        4
                                                               avg = 4.364286
                                                               max =        6

Number of instruments =      40              Wald chi2(15)      =  1627.13
                                             Prob > chi2        =   0.0000
One-step results
```

n	Coef.	Std. Err.	z	P>|z|	[95% Conf. Interval]	
n						
L1.	.7080866	.1455545	4.86	0.000	.4228051	.9933681
L2.	-.0886343	.0448479	-1.98	0.048	-.1765346	-.000734
w						
--.	-.605526	.0661129	-9.16	0.000	-.735105	-.4759471
L1.	.4096717	.1081258	3.79	0.000	.1977491	.6215943
k						
--.	.3556407	.0373536	9.52	0.000	.2824289	.4288525
L1.	-.0599314	.0565918	-1.06	0.290	-.1708493	.0509865
L2.	-.0211709	.0417927	-0.51	0.612	-.1030831	.0607412
ys						
--.	.6264699	.1348009	4.65	0.000	.3622651	.8906748
L1.	-.7231751	.1844696	-3.92	0.000	-1.084729	-.3616214
L2.	.1179079	.1440154	0.82	0.413	-.1643572	.400173
yr1980	.0113066	.0140625	0.80	0.421	-.0162554	.0388686
yr1981	-.0212183	.0206559	-1.03	0.304	-.0617031	.0192665
yr1982	-.034952	.022122	-1.58	0.114	-.0783103	.0084063
yr1983	-.0287094	.0251536	-1.14	0.254	-.0780096	.0205909
yr1984	-.014862	.0284594	-0.52	0.602	-.0706414	.0409174

```
Instruments for differenced equation
        GMM-type: L(2/.).n
        Standard: D.w LD.w D.k LD.k L2D.k D.ys LD.ys L2D.ys D.yr1980 D.yr1981 D.
                  D.yr1984
```

■ estat sargan

그림 6-3 sargan test

```
. estat sargan
Sargan test of overidentifying restrictions
        H0: overidentifying restrictions are valid

        chi2(25)     =   61.26444
        Prob > chi2  =    0.0001
```

xtabond 실행 후 자기상관 여부를 검정하기 위해 estat abond를 실행하면 된다. xtabond는 1차 차분 오차항에서 1차, 2차 자기상관관계를 검정하기 위해 계산되는데, 근본적으로는 차분하기 전 원래모형에서 오차항 e와 자기상관이 없다면, 1계 자기상관이 존재하지만 2계상관은 존재하지 않다고 할 수 있다(artests(#)를 사용해도 된다).

■ estat abond

그림 6-4   abond test

```
. estat abond

Arellano-Bond test for zero autocorrelation in first-differenced errors

 ┌───────┬─────────────────────┐
 │ Order │    z      Prob > z   │
 ├───────┼─────────────────────┤
 │     1 │ -4.1441   0.0000     │
 │     2 │ -.58519   0.5584     │
 └───────┴─────────────────────┘

  H0: no autocorrelation
```

위 분석결과에 Order 1에서 1계 자기상관이 없다는 귀무가설을 1% 유의수준에서 기각할 수 있다. 반대로 Order 2에서 2계 자기상관이 없다는 귀무가설을 5% 유의수준에서 기각할 수 없다. 따라서 오차항 e에 1계 자기상관이 없다고 할 수 있다.

다음 분석모형은 이분산성의 문제를 고려한 추정결과를 얻기 위해 vce(robust) 옵션을 추가하여 추정하였으며 <그림 6-5>와 같다.

그림 6-5 vce(robust)를 활용한 xtabond

```
. xtabond n l(0/1).w l(0/2).(k ys) yr1980-yr1984, lags(2) vce(robust)

Arellano-Bond dynamic panel-data estimation  Number of obs      =        611
Group variable: id                           Number of groups   =        140
Time variable: year
                                             Obs per group:  min =          4
                                                             avg =   4.364286
                                                             max =          6

Number of instruments =      41             Wald chi2(15)      =    1678.80
                                            Prob > chi2        =     0.0000
One-step results

                                            (Std. Err. adjusted for clustering on id)
```

	n	Coef.	Robust Std. Err.	z	P>|z|	[95% Conf. Interval]	
n							
L1.		.7080866	.1455379	4.87	0.000	.4228376	.9933356
L2.		-.0886343	.0557558	-1.59	0.112	-.1979137	.020645
w							
--.		-.605526	.1796819	-3.37	0.001	-.9576962	-.2533559
L1.		.4096717	.1741168	2.35	0.019	.0684091	.7509343
k							
--.		.3556407	.0587954	6.05	0.000	.2404038	.4708775
L1.		-.0599314	.0717439	-0.84	0.404	-.2005469	.0806841
L2.		-.0211709	.0331968	-0.64	0.524	-.0862355	.0438937
ys							
--.		.6264699	.1705759	3.67	0.000	.2921473	.9607926
L1.		-.7231751	.2354623	-3.07	0.002	-1.184673	-.2616774
L2.		.1179079	.1440099	0.82	0.413	-.1643463	.4001621
yr1980		.0113066	.0135456	0.83	0.404	-.0152422	.0378554
yr1981		-.0212183	.0251783	-0.84	0.399	-.0705669	.0281302
yr1982		-.034952	.0255807	-1.37	0.172	-.0850892	.0151852
yr1983		-.0287094	.0276914	-1.04	0.300	-.0829835	.0255648
yr1984		-.014862	.0289466	-0.51	0.608	-.0715964	.0418723
_cons		1.03792	.6979649	1.49	0.137	-.330066	2.405906

```
Instruments for differenced equation
        GMM-type: L(2/.).n
        Standard: D.w LD.w D.k LD.k L2D.k D.ys LD.ys L2D.ys D.yr1980 D.yr1981 D.yr1982
                  D.yr1983 D.yr1984
Instruments for level equation
        Standard: _cons
```

그림 6-6 two-step과 robust를 활용한 xtabond

```
. xtabond n l(0/1).w l(0/2).(k ys) yr1980-yr1984, lags(2) twostep robust

Arellano-Bond dynamic panel-data estimation  Number of obs      =      611
Group variable: id                           Number of groups   =      140
Time variable: year
                                             Obs per group:  min =        4
                                                             avg = 4.364286
                                                             max =        6

Number of instruments =      41              Wald chi2(15)      =  1132.45
                                             Prob > chi2        =   0.0000
Two-step results

                                   (Std. Err. adjusted for clustering on id)
```

n	Coef.	WC-Robust Std. Err.	z	P>|z|	[95% Conf. Interval]	
n						
L1.	.6559667	.1963928	3.34	0.001	.2710439	1.04089
L2.	-.0729992	.0454283	-1.61	0.108	-.162037	.0160385
w						
--.	-.5132088	.1495341	-3.43	0.001	-.8062903	-.2201272
L1.	.3289685	.20637	1.59	0.111	-.0755093	.7334463
k						
--.	.2694384	.0692685	3.89	0.000	.1336745	.4052022
L1.	.0216493	.0845409	0.26	0.798	-.1440478	.1873463
L2.	-.0409021	.0427003	-0.96	0.338	-.1245932	.0427889
ys						
--.	.5917429	.1659892	3.56	0.000	.2664101	.9170757
L1.	-.572021	.2566893	-2.23	0.026	-1.075123	-.0689192
L2.	.1172642	.1599951	0.73	0.464	-.1963204	.4308488
yr1980	.0092621	.0143316	0.65	0.518	-.0188273	.0373515
yr1981	-.0347086	.0272711	-1.27	0.203	-.088159	.0187418
yr1982	-.0432807	.0290662	-1.49	0.136	-.1002494	.0136879
yr1983	-.0277604	.0325707	-0.85	0.394	-.0915979	.0360771
yr1984	-.0335613	.0327381	-1.03	0.305	-.0977269	.0306042
_cons	.4939961	.6695478	0.74	0.461	-.8182935	1.806286

```
Instruments for differenced equation
        GMM-type: L(2/.).n
        Standard: D.w LD.w D.k LD.k L2D.k D.ys LD.ys L2D.ys D.yr1980 D.yr1981 D.yr1982
                  D.yr1983 D.yr1984
Instruments for level equation
        Standard: _cons
```

기본적으로 Allerano & Bond(1991)의 가정은 one-step추정이다. Allerano & Bond(1991)는 two-step non-robust를 활용하여 추론할 경우 표준오차의 편의가 줄어드는 경향이 있다고 본다(STATA, mannual 14).

또한 위 분석결과에 의하면 two-step 옵션을 사용하더라도 one-step에 비해 큰 차이가 나지 않는다. 이에 Windmeijer(2005)는 two-step옵션을 활용하여 추정할 경우 반드시 robust옵션을 사용할 것을 권고하고 있다. 분석결과에 나타난 바와 같이 robust옵션을 활용하면 WC-robust standard-error(수정된 표준오차)가 제시되어 있다.

■ xtabond2

xtabond2 모형은 xtabond, twostep 옵션을 적용하여 추정한 결과와 동일하다. xtabond2의 장점은 xtabond에서는 robust 옵션을 사용할 경우 아래 <그림 6-7>과 같이 estat sargan검정을 실행할 수 없다.

하지만 xtabond2에서는 robust 옵션을 사용하는 경우에도 sargan과 Hansen 검정결과를 동시에 제시해 준다.

```
. xtabond n l(0/1).w l(0/2).(k ys) yr1980-yr1984, lags(2) noconstant vce(robust)
```

그림 6-7 robust 옵션과 sargan test의 관계

```
. estat sargan
Sargan test of overidentifying restrictions
        H0: overidentifying restrictions are valid
        cannot calculate Sargan test with vce(robust)

        chi2(25)    =         .
        Prob > chi2 =         .
```

그림 6-8 xtabond2 실행결과

```
Dynamic panel-data estimation, one-step difference GMM

Group variable: id                          Number of obs      =        751
Time variable : year                        Number of groups   =        140
Number of instruments = 103                 Obs per group: min =          5
Wald chi2(10) =     992.07                                 avg =       5.36
Prob > chi2   =      0.000                                 max =          7
```

n	Coef.	Robust Std. Err.	z	P>|z|	[95% Conf. Interval]	
n L1.	.5847306	.0950861	6.15	0.000	.3983652	.7710959
w --. L1.	-.7204875 .2072654	.1229131 .0859539	-5.86 2.41	0.000 0.016	-.9613928 .0387989	-.4795823 .375732
k --. L1.	.3839347 -.0766793	.0854382 .0646735	4.49 -1.19	0.000 0.236	.216479 -.2034371	.5513904 .0500785
yr1980	-.0308167	.0100358	-3.07	0.002	-.0504866	-.0111469
yr1981	-.0649783	.0184294	-3.53	0.000	-.1010993	-.0288573
yr1982	-.0375605	.0217098	-1.73	0.084	-.080111	.00499
yr1983	.0006808	.0252763	0.03	0.979	-.0488598	.0502214
yr1984	.0269716	.0320616	0.84	0.400	-.0358679	.0898111

```
Instruments for first differences equation
  Standard
    D.(yr1980 yr1981 yr1982 yr1983 yr1984)
  GMM-type (missing=0, separate instruments for each period unless collapsed)
    L(1/8).(L.n w k)

Arellano-Bond test for AR(1) in first differences: z =  -5.34  Pr > z =  0.000
Arellano-Bond test for AR(2) in first differences: z =  -0.47  Pr > z =  0.637

Sargan test of overid. restrictions: chi2(93)   = 204.53  Prob > chi2 =  0.000
  (Not robust, but not weakened by many instruments.)
Hansen test of overid. restrictions: chi2(93)   = 102.38  Prob > chi2 =  0.237
  (Robust, but weakened by many instruments.)

Difference-in-Hansen tests of exogeneity of instrument subsets:
  iv(yr1980 yr1981 yr1982 yr1983 yr1984)
    Hansen test excluding group:      chi2(88)   =  96.99  Prob > chi2 =  0.240
    Difference (null H = exogenous): chi2(5)    =   5.40  Prob > chi2 =  0.369

. xtabond2 n l.n l(0/1).(w k) yr1980-yr1984, gmm(l.n w k) iv(yr1980-yr1984) noleveleq robust
```

앞서 분석결과와 같이 과대 식별 제약조건에 대한 sargan과 Hansen 검정결과를 해석할 필요가 있다. 즉, 과대 식별 제약조건이 적절하다는 sargan 검정결과, 귀무가설을 기각한다는 결론에 도달할 수 있는데 이 경우에는 이미 설명한 바와 같이 도구변수와 그룹변수의 수를 확인할 필요가 있다.

아울러 Hansen 검정결과를 보면 p값이 0.237로 귀무가설을 기각할 수 없다. robust옵션으로 이분산성의 문제가 어느 정도 해결된 상태에서 과대 식별이 문제되지 않을 수 있다는 해석이 가능하다.

xtabond2에서도 twostep 옵션을 사용할 수 있는데 이 경우에는 반드시 robust를 동시에 사용해야 함을 명심해야 한다. 추정계수와 표준오차에서 거의 일치함을 알 수 있다.

robust와 two-step을 적용한 xtabond2

```
. xtabond2 n l.n l(0/1).(w k) yr1980-yr1984, gmm(l.n w k) iv(yr1980-yr1984) noleveleq robust tw
> ostep
Dynamic panel-data estimation, two-step difference GMM
```

```
Group variable: id                          Number of obs      =        751
Time variable : year                        Number of groups   =        140
Number of instruments = 103                 Obs per group: min =          5
Wald chi2(10) =     837.89                                 avg =       5.36
Prob > chi2   =      0.000                                 max =          7
```

n	Coef.	Corrected Std. Err.	z	P>|z|	[95% Conf. Interval]	
n						
L1.	.5882161	.099953	5.88	0.000	.3923119	.7841204
w						
--.	-.7280004	.1209303	-6.02	0.000	-.9650195	-.4909813
L1.	.2016502	.078967	2.55	0.011	.0468777	.3564228
k						
--.	.3490777	.086221	4.05	0.000	.1800876	.5180678
L1.	-.0602575	.0636435	-0.95	0.344	-.1849965	.0644815
yr1980	-.0311105	.0099071	-3.14	0.002	-.0505281	-.0116929
yr1981	-.0651092	.0190527	-3.42	0.001	-.1024519	-.0277665
yr1982	-.0387696	.020762	-1.87	0.062	-.0794623	.0019231
yr1983	.0016986	.0253985	0.07	0.947	-.0480816	.0514788
yr1984	.0293852	.0312576	0.94	0.347	-.0318785	.0906489

```
Instruments for first differences equation
  Standard
    D.(yr1980 yr1981 yr1982 yr1983 yr1984)
  GMM-type (missing=0, separate instruments for each period unless collapsed)
    L(1/8).(L.n w k)
```

```
Arellano-Bond test for AR(1) in first differences: z =  -3.52  Pr > z =  0.000
Arellano-Bond test for AR(2) in first differences: z =  -0.51  Pr > z =  0.610
```

```
Sargan test of overid. restrictions: chi2(93)    = 204.53  Prob > chi2 =  0.000
  (Not robust, but not weakened by many instruments.)
Hansen test of overid. restrictions: chi2(93)    = 102.38  Prob > chi2 =  0.237
  (Robust, but weakened by many instruments.)
```

```
Difference-in-Hansen tests of exogeneity of instrument subsets:
  iv(yr1980 yr1981 yr1982 yr1983 yr1984)
    Hansen test excluding group:    chi2(88)  =  96.99  Prob > chi2 =  0.240
    Difference (null H = exogenous): chi2(5)  =   5.40  Prob > chi2 =  0.369
```

6.3 System GMM 추정

System GMM 추정은 Allerano & Bond(1995)와 Blundello & Bond(1998)가 제시하였다. 특히 종속변수의 수준변수와 차분변수의 과거값을 추가적인 도구변수로 사용한다. 그 옵션은 아래 <그림 6-10>과 같이 요약된다.

그림 6-10 system gmm의 옵션

options	Description
Model	
noconstant	suppress constant term
lags(#)	use # lags of dependent variable as covariates; default is lags(1)
maxldep(#)	maximum lags of dependent variable for use as instruments
maxlags(#)	maximum lags of predetermined and endogenous variables for use as instruments
twostep	compute the two-step estimator instead of the one-step estimator
Predetermined	
pre(varlist[...])	predetermined variables; can be specified more than once
Endogenous	
endogenous(varlist[...])	endogenous variables; can be specified more than once
SE/Robust	
vce(vcetype)	vcetype may be gmm or robust
Reporting	
level(#)	set confidence level; default is level(95)
artests(#)	use # as maximum order for AR tests; default is artests(2)
display options	control spacing and line width
coeflegend	display legend instead of statistics

다음 명령문에서 lags(2)는 종속변수의 과거값이 설명변수에 포함되어 있다. xtabond와 비교해 볼 때 도구변수의 수가 41개에서 103개로 크게 증가하였다.

그림 6-11 xtdpdsys 실행

```
. xtdpdsys n l(0/1).w l(0/2).(k ys) yr1980-yr1984, lags(2)
```

System dynamic panel-data estimation					Number of obs		=	751
Group variable: id					Number of groups		=	140
Time variable: year								
					Obs per group:	min =		5
						avg =		5.364286
						max =		7
Number of instruments =		48			Wald chi2(15)		=	4001.38
					Prob > chi2		=	0.0000

One-step results

n	Coef.	Std. Err.	z	P>|z|	[95% Conf. Interval]	
n						
L1.	.9159204	.0853873	10.73	0.000	.7485644	1.083276
L2.	-.065795	.0369882	-1.78	0.075	-.1382905	.0067006
w						
--.	-.6467303	.0684371	-9.45	0.000	-.7808646	-.512596
L1.	.5298655	.0918694	5.77	0.000	.3498048	.7099262
k						
--.	.3360997	.0338606	9.93	0.000	.2697342	.4024652
L1.	-.1415277	.0444765	-3.18	0.001	-.2287001	-.0543553
L2.	-.0615284	.0366908	-1.68	0.094	-.133441	.0103843
ys						
--.	.6678713	.1461438	4.57	0.000	.3814348	.9543079
L1.	-.8346481	.1766848	-4.72	0.000	-1.180944	-.4883521
L2.	.1311835	.1492504	0.88	0.379	-.161342	.4237089
yr1980	.0165223	.0151769	1.09	0.276	-.0132238	.0462684
yr1981	-.0174472	.0223515	-0.78	0.435	-.0612552	.0263609
yr1982	-.0191043	.0229068	-0.83	0.404	-.0640008	.0257922
yr1983	-.0128877	.0255229	-0.50	0.614	-.0629116	.0371362
yr1984	-.005388	.029233	-0.18	0.854	-.0626837	.0519076
_cons	.743272	.6208666	1.20	0.231	-.4736042	1.960148

```
Instruments for differenced equation
        GMM-type: L(2/.).n
        Standard: D.w LD.w D.k LD.k L2D.k D.ys LD.ys L2D.ys D.yr1980 D.yr1981 D.yr1982
                  D.yr1984
Instruments for level equation
        GMM-type: LD.n
        Standard: _cons
```

그림 6-12 sargan test(xtdpdsys)

```
. estat sargan
Sargan test of overidentifying restrictions
        H0: overidentifying restrictions are valid

        chi2(32)     =      60.391
        Prob > chi2  =      0.0018
```

그림 6-13 robust를 활용한 xtdpdsys 실행

```
. qui xtdpdsys n l(0/1).w l(0/2).(k ys) yr1980-yr1984, lags(2) vce(robust)

. estat abond

Arellano-Bond test for zero autocorrelation in first-differenced errors
```

Order	z	Prob > z
1	-4.1441	0.0000
2	-.58519	0.5584

```
    H0: no autocorrelation
```

sargan 검정을 실행하기 위해 xtdpdsys모형도 xtabond와 동일하다. 즉, 과대식별의 적절성을 검토한 결과 귀무가설을 기각할 정도이므로 적절성을 의심할 수 있다. 다만 이분산성이 존재할 경우 다소 제한적이라는 점은 이미 설명한 바와 같다.

xtdpdsys 명령문에서는 vce(robust)를 실행하지 않으면 estat abond를 실행할 수 없다. 다른 동적패널모형과 동일하게 자기상관 여부를 검정하기 위해 estat abond를 실행한 결과는 다음과 같다. 즉, 오차항의 1계 자기상관은 존재하지만 2계 자기상관은 존재하지 않는다고 할 수 있다.

그림 6-14 twostep과 robust를 활용한 xtdpdsys 실행

```
. xtdpdsys n l(0/1).w l(0/2).(k ys) yr1980-yr1984, lags(2) twostep vce(robust)

System dynamic panel-data estimation      Number of obs      =        751
Group variable: id                        Number of groups   =        140
Time variable: year
                                          Obs per group:   min =          5
                                                           avg =   5.364286
                                                           max =          7

Number of instruments =       48          Wald chi2(15)      =    1449.65
                                          Prob > chi2        =     0.0000
Two-step results
```

n	Coef.	WC-Robust Std. Err.	z	P>|z|	[95% Conf. Interval]	
n						
L1.	.9767449	.1418081	6.89	0.000	.6988061	1.254684
L2.	-.0836652	.0419231	-2.00	0.046	-.165833	-.0014975
w						
--.	-.5631217	.151118	-3.73	0.000	-.8593075	-.2669358
L1.	.5673231	.2123546	2.67	0.008	.1511158	.9835304
k						
--.	.2849277	.0668521	4.26	0.000	.1539001	.4159554
L1.	-.0876075	.0871276	-1.01	0.315	-.2583744	.0831595
L2.	-.0961451	.0433443	-2.22	0.027	-.1810984	-.0111919
ys						
--.	.6138593	.1781104	3.45	0.001	.2647694	.9629491
L1.	-.765499	.2470081	-3.10	0.002	-1.249626	-.2813719
L2.	.1140538	.1725595	0.66	0.509	-.2241566	.4522641
yr1980	.009473	.0168233	0.56	0.573	-.0235001	.0424461
yr1981	-.0248051	.0296342	-0.84	0.403	-.0828871	.0332768
yr1982	-.0303709	.0327228	-0.93	0.353	-.0945064	.0337646
yr1983	-.0097145	.0363711	-0.27	0.789	-.0810005	.0615715
yr1984	-.0214451	.0348021	-0.62	0.538	-.089656	.0467658
_cons	.3246957	.6640236	0.49	0.625	-.9767666	1.626158

```
Instruments for differenced equation
    GMM-type: L(2/.).n
    Standard: D.w LD.w D.k LD.k L2D.k D.ys LD.ys L2D.ys D.yr1980 D.yr1981 D.yr1982 D.yr1983
              D.yr1984
Instruments for level equation
    GMM-type: LD.n
    Standard: _cons
```

xtdpdsys의 옵션으로 twostep과 vce(robust)를 실행한 결과 큰 차이는 발생하지 않는다. 다만 오차가 WC-Robust로 표시된다.

제7장

패널 GEE(Generalized Estimating Equations) 모형

− logit, probit

7.1 패널 GEE 추정을 위한 가정

패널 GEE 모형은 일반선형모형(GLM)을 추정할 때 주로 사용된다(STATA, 14:
124). 그렇다고 비선형회귀모형이 불가한 것은 아니다. 옵션으로 설정하면 가능하
다. 특히 패널데이터인 경우에는 그룹 내 오차항의 상관관계를 가정한 경우로서
"population average"라고 부르기도 한다.

또한 GEE는 분포를 가정하기 때문에 변수의 수에 관한 제약이 없을 뿐만 아
니라 오차의 상관관계구조만을 가정하여 추정할 수 있고 시간 갭이 있는 패널모
형도 가능하다.

패널 GEE는 선형회귀모형에서 주로 이용되고 종속변수의 기대값은 다음과
같다.

선형회귀모형은 $E(y) = x\beta$, $y \sim N(\ )$, 만약에 g( )가 로짓구조이고 y가 이항
분포이면 $\log it\, E(y_{it}) = x_{it}\beta$, $y \sim Bernoulli$이거나, 로지스틱모형이면 $\ln E(y_{it}) =
x_{it}\beta$, $y \sim Poisson$이다. xtgee의 옵션은 다음과 같이 설명된다.

```
. webuse nlswork
(National Longitudinal Survey.  Young Women 14-26 years of age in 1968)

. xtset id year
      panel variable:  idcode (unbalanced)
       time variable:  year, 68 to 88, but with gaps
              delta:  1 unit
```

지금까지 패널분석을 위한 준비단계에서 tsset를 활용하였는데 xtset도 동일
하게 사용할 수 있다.

그림 7-1　패널 GEE의 옵션

PA_options	Description
Model	
noconstant	suppress constant term
pa	use population-averaged estimator
offset(varname)	include varname in model with coefficient constrained to 1
Correlation	
corr(correlation)	within-group correlation structure
force	estimate even if observations unequally spaced in time
SE/Robust	
vce(vcetype)	vcetype may be conventional, robust, bootstrap, or jackknife
nmp	use divisor N-P instead of the default N
rgf	multiply the robust variance estimate by (N-1)/(N-P)
scale(parm)	override the default scale parameter; parm may be x2, dev, phi, or #
Reporting	
level(#)	set confidence level; default is level(95)
display options	control column formats, row spacing, line width, and display of omitted variables and base and empty cells
Optimization	
optimize options	control the optimization process; seldom used
coeflegend	display legend instead of statistics

7.2 xtgee(xtreg, pa) 모형 추정

xtgee 실행결과

```
. xtgee ln_w grade age c.age#c.age ttl_exp c.ttl_exp#c.ttl_exp tenure c.tenure#c.tenure 2.race not_sm
> sa south

Iteration 1: tolerance = .0310561
Iteration 2: tolerance = .00074898
Iteration 3: tolerance = .0000147
Iteration 4: tolerance = 2.880e-07

GEE population-averaged model          Number of obs      =      28091
Group variable:                idcode  Number of groups   =       4697
Link:                        identity  Obs per group: min =          1
Family:                      Gaussian                 avg =        6.0
Correlation:              exchangeable                 max =         15
                                       Wald chi2(10)      =    9598.89
Scale parameter:              .1436709  Prob > chi2       =     0.0000
```

ln_wage	Coef.	Std. Err.	z	P>|z|	[95% Conf. Interval]	
grade	.0645427	.0016829	38.35	0.000	.0612442	.0678412
age	.036932	.0031509	11.72	0.000	.0307564	.0431076
c.age#c.age	-.0007129	.0000506	-14.10	0.000	-.0008121	-.0006138
ttl_exp	.0284878	.0024169	11.79	0.000	.0237508	.0332248
c.ttl_exp#c.ttl_exp	.0003158	.0001172	2.69	0.007	.000086	.0005456
tenure	.0397468	.0017779	22.36	0.000	.0362621	.0432315
c.tenure#c.tenure	-.002008	.0001209	-16.61	0.000	-.0022449	-.0017711
2.race	-.0538314	.0094086	-5.72	0.000	-.072272	-.0353909
not_smsa	-.1347788	.0070543	-19.11	0.000	-.1486049	-.1209526
south	-.0885969	.0071132	-12.46	0.000	-.1025386	-.0746552
_cons	.2396286	.0491465	4.88	0.000	.1433034	.3359539

그림 7-3 xtreg, pa 적용과 xtgee의 관계

```
. xtreg ln_w grade age c.age#c.age ttl_exp c.ttl_exp#c.ttl_exp tenure c.tenure#c.tenure 2.race not_sm
> sa south, pa

Iteration 1: tolerance = .0310561
Iteration 2: tolerance = .00074898
Iteration 3: tolerance = .0000147
Iteration 4: tolerance = 2.880e-07
```

GEE population-averaged model			Number of obs	=	28091
Group variable:		idcode	Number of groups	=	4697
Link:		identity	Obs per group: min =		1
Family:		Gaussian	avg =		6.0
Correlation:		exchangeable	max =		15
			Wald chi2(10)	=	9598.89
Scale parameter:		.1436709	Prob > chi2	=	0.0000

ln_wage	Coef.	Std. Err.	z	P>|z|	[95% Conf. Interval]	
grade	.0645427	.0016829	38.35	0.000	.0612442	.0678412
age	.036932	.0031509	11.72	0.000	.0307564	.0431076
c.age#c.age	-.0007129	.0000506	-14.10	0.000	-.0008121	-.0006138
ttl_exp	.0284878	.0024169	11.79	0.000	.0237508	.0332248
c.ttl_exp#c.ttl_exp	.0003158	.0001172	2.69	0.007	.000086	.0005456
tenure	.0397468	.0017779	22.36	0.000	.0362621	.0432315
c.tenure#c.tenure	-.002008	.0001209	-16.61	0.000	-.0022449	-.0017711
2.race	-.0538314	.0094086	-5.72	0.000	-.072272	-.0353909
not_smsa	-.1347788	.0070543	-19.11	0.000	-.1486049	-.1209526
south	-.0885969	.0071132	-12.46	0.000	-.1025386	-.0746552
_cons	.2396286	.0491465	4.88	0.000	.1433034	.3359539

　　xtgee와 동일한 명령어는 xtreg, pa이다. 즉, 옵션으로 pa를 설정하면 위 분석결과와 동일한 결과가 도출된다. 분석결과에서 모든 설명변수가 통계적으로 유의미하다. 특히 연령, 총직무경험, 경력의 상호작용효과 또한 통계적으로 유의미하다.

　　상호작용 효과를 검증하기 위해 gen기능을 활용하거나, command창에서 직접 변수를 변환한 후 분석할 수 있다. 일반적으로 제곱모형은 다음과 같은 명령어

를 수행하면 된다(gen age2＝age^2). 또한 command창에서 직접 입력하여 변수를
변환할 수도 있다(요인 변수).

예를 들어 분석결과에서 age2를 만들려면 c.age#c.age로 입력하면 된다.
c.ttl_exp#c.ttl_exp도 동일한 개념이다. 또한 race의 경우에도 2번이 black인데
이를 직접 입력하려면 2.race로 입력하면 된다.

7.3 xtgee 분석시 최적조합

그림 7-4 | family( )와 link( )의 최적조합

	Gaussian	Inverse Gaussian	Binomial	Poisson	Negative Binomial	Gamma
Identity	X	X	X	X	X	X
Log	X	X	X	X	X	X
Logit			X			
Probit			X			
C. log-log			X			
Power	X	X	X	X	X	X
Odds Power			X			
Neg. binom.					X	
Reciprocal	X		X	X		X

자료: STATA Manual, 14: 132.

그림 7-5 family( ), link( ), corr( )의 최적조합

family()	link()	corr()	Other Stata estimation command
gaussian	identity	independent	regress
gaussian	identity	exchangeable	xtreg, re
gaussian	identity	exchangeable	xtreg, pa
binomial	cloglog	independent	cloglog (see note 1)
binomial	cloglog	exchangeable	xtcloglog, pa
binomial	logit	independent	logit or logistic
binomial	logit	exchangeable	xtlogit, pa
binomial	probit	independent	probit (see note 2)
binomial	probit	exchangeable	xtprobit, pa
nbinomial	log	independent	nbreg (see note 3)
poisson	log	independent	poisson
poisson	log	exchangeable	xtpoisson, pa
gamma	log	independent	streg, dist(exp) nohr (see note 4)
family	*link*	independent	glm, irls (see note 5)

자료: STATA Manual, 14: 133.

　　xtgee에서는 family( )와 link( ), Corr( )의 최적조합을 활용하여 추정하면 일치추정량을 구하는 데 유용하다. 특히 패널로짓 gee 모형이나 로지스틱 등 다양한 모형의 추정은 요구되는 최적조건을 활용해야 할 것이다.

7.4 xtgee(logit) 모형 추정

다음은 예제파일 r15/union.dta를 활용하여 패널로짓 GEE 모형을 추정해보자. 종속변수 union은 노조가입 여부이다. 즉, 노조에 가입하였으면 1, 그렇지 않으면 0이다. 따라서 xtgee와 xtlogit를 공통적으로 이용할 수 있다.

다만 xtgee 명령어를 활용하려면 종속변수가 이항변수이기 때문에 family 옵션에는 이항분포를 의미하는 binomial을 선택하면 되고 추가로 연결함수를 의미하는 link 옵션은 logit 함수를 선택하면 된다. 즉, 종속변수가 이항분포 yes(=1), no(=0)의 두 가지 결과만 가질 수 있기 때문이다. 즉, 노조(union)에 가입할 확률은 $\Pr(y=1)$이고, 반대로 가입하지 않을 확률은 $1-\Pr(y=1)$인 이항분포(binomial distibution)라는 의미이다.

한편 xtlogit 명령어를 활용하려면 pa(population average) 옵션을 반드시 활용하여야 하고, 상관관계 옵션으로 corr(exc)를 선택하면 된다. 우선 xtgee 명령어를 활용한 분석결과는 다음과 같다.

```
. xtgee union age grade not_smsa south, family(binomial) link(logit)
```

그림 7-6) xtgee를 활용한 logit 분석

```
GEE population-averaged model              Number of obs      =      26200
Group variable:                  idcode    Number of groups   =       4434
Link:                             logit    Obs per group: min =          1
Family:                        binomial                   avg =        5.9
Correlation:               exchangeable                   max =         12
                                           Wald chi2(4)       =     229.87
Scale parameter:                      1    Prob > chi2        =     0.0000
```

union	Coef.	Std. Err.	z	P>|z|	[95% Conf. Interval]	
age	.0098801	.0020824	4.74	0.000	.0057986	.0139616
grade	.0606146	.0108383	5.59	0.000	.0393719	.0818573
not_smsa	-.1257349	.0483488	-2.60	0.009	-.2204969	-.0309729
south	-.5747081	.048645	-11.81	0.000	-.6700506	-.4793656
_cons	-2.163394	.1484472	-14.57	0.000	-2.454345	-1.872443

그림 7-7) wcorr

```
. estat wcorr

Estimated within-idcode correlation matrix R:

            c1        c2        c3        c4        c5        c6        c7        c8
    r1       1
    r2 .4623127         1
    r3 .4623127  .4623127         1
    r4 .4623127  .4623127  .4623127         1
    r5 .4623127  .4623127  .4623127  .4623127         1
    r6 .4623127  .4623127  .4623127  .4623127  .4623127         1
    r7 .4623127  .4623127  .4623127  .4623127  .4623127  .4623127         1
    r8 .4623127  .4623127  .4623127  .4623127  .4623127  .4623127  .4623127         1
    r9 .4623127  .4623127  .4623127  .4623127  .4623127  .4623127  .4623127  .4623127
   r10 .4623127  .4623127  .4623127  .4623127  .4623127  .4623127  .4623127  .4623127
   r11 .4623127  .4623127  .4623127  .4623127  .4623127  .4623127  .4623127  .4623127
   r12 .4623127  .4623127  .4623127  .4623127  .4623127  .4623127  .4623127  .4623127

            c9       c10       c11       c12
    r9       1
   r10 .4623127         1
   r11 .4623127  .4623127         1
   r12 .4623127  .4623127  .4623127         1
```

분석결과를 함축하면 age, grade, not_smsa, south변수에 해당될수록 노조에 가입된 확률이 높다고 할 수 있다.

그림 7-8 format옵션을 적용한 wcorr

```
. estat wcorr, format(%8.3f)

Estimated within-idcode correlation matrix R:
```

	c1	c2	c3	c4	c5	c6	c7	c8	c9
r1	1.000								
r2	0.462	1.000							
r3	0.462	0.462	1.000						
r4	0.462	0.462	0.462	1.000					
r5	0.462	0.462	0.462	0.462	1.000				
r6	0.462	0.462	0.462	0.462	0.462	1.000			
r7	0.462	0.462	0.462	0.462	0.462	0.462	1.000		
r8	0.462	0.462	0.462	0.462	0.462	0.462	0.462	1.000	
r9	0.462	0.462	0.462	0.462	0.462	0.462	0.462	0.462	1.000
r10	0.462	0.462	0.462	0.462	0.462	0.462	0.462	0.462	0.462
r11	0.462	0.462	0.462	0.462	0.462	0.462	0.462	0.462	0.462
r12	0.462	0.462	0.462	0.462	0.462	0.462	0.462	0.462	0.462

	c10	c11	c12
r10	1.000		
r11	0.462	1.000	
r12	0.462	0.462	1.000

두 개의 분석결과에서 상관계수 구조행렬은 t시점에서 과거시점 간 상관계수 추정은 0.462로 동일한 것을 알 수 있다. 다만 아래의 분석결과는 옵션으로 format(%8.3f)을 지정하여 소수점 3자리까지만 표시하라는 의미이다.

```
. tsset id year
        panel variable:  idcode (unbalanced)
         time variable:  year, 70 to 88, but with gaps
                 delta:  1 unit
```

xtlogit, pa를 분석하기 전 pa추정의 장점 한 가지를 알아보면, tsset결과에서 예제데이터가 불균형패널이면서 동시에 시간 갭을 가진 패널데이터이지만 pa추정을 무난하게 할 수 있다.

그림 7-9 xtlogit 분석

```
. xtlogit union age grade not_smsa south, pa corr(exc)

Iteration 1: tolerance = .07327489
Iteration 2: tolerance = .00519852
Iteration 3: tolerance = .00024049
Iteration 4: tolerance = .00001086
Iteration 5: tolerance = 4.907e-07

GEE population-averaged model          Number of obs     =     26200
Group variable:                idcode  Number of groups  =      4434
Link:                           logit  Obs per group: min =         1
Family:                      binomial                 avg =       5.9
Correlation:             exchangeable                 max =        12
                                       Wald chi2(4)      =    229.87
Scale parameter:                    1  Prob > chi2       =    0.0000
```

union	Coef.	Std. Err.	z	P>|z|	[95% Conf. Interval]	
age	.0098801	.0020824	4.74	0.000	.0057986	.0139616
grade	.0606146	.0108383	5.59	0.000	.0393719	.0818573
not_smsa	-.1257349	.0483488	-2.60	0.009	-.2204969	-.0309729
south	-.5747081	.048645	-11.81	0.000	-.6700506	-.4793656
_cons	-2.163394	.1484472	-14.57	0.000	-2.454345	-1.872443

xtlogit union age grade not_smsa south, pa corr(exc)를 활용하여도 xtgee
union age grade not_smsa south, family(binomial) link(logit)와 동일한 분석결과
를 얻을 수 있다.

7.5 xtgee(probit) 모형 추정

. xtgee union age grade not_smsa south, family(binomial) link(probit) corr(ar1)

그림 7-10 ar1을 적용한 패널 프로빗 GEE분석

```
GEE population-averaged model              Number of obs     =        702
Group and time vars:          idcode year  Number of groups  =        268
Link:                              probit  Obs per group: min =         2
Family:                          binomial                avg =        2.6
Correlation:                        AR(1)                max =          4
                                           Wald chi2(4)      =       5.16
Scale parameter:                        1  Prob > chi2       =     0.2708
```

union	Coef.	Std. Err.	z	P>|z|	[95% Conf. Interval]	
age	-.0071368	.0135601	-0.53	0.599	-.033714	.0194404
grade	.0211537	.0342098	0.62	0.536	-.0458962	.0882036
not_smsa	.1165982	.1826039	0.64	0.523	-.2412989	.4744953
south	-.3202941	.1602177	-2.00	0.046	-.6343149	-.0062732
_cons	-.8541581	.507365	-1.68	0.092	-1.848575	.1402591

위 분석모형은 종전에 분석한 로짓모형과 동일하게 family 옵션은 이항분포이며, link 옵션은 probit 함수이다. 다만 상관계수를 AR(1)을 가정하여 분석한 결과, 남쪽지역에 거주하는 사람일수록 노조에 가입할 확률이 높다고 할 수 있다.

wcorr

```
. estat wcorr

Estimated within-idcode correlation matrix R:

                c1          c2          c3          c4

    r1           1
    r2     .559694           1
    r3    .3132573     .559694           1
    r4    .1753282    .3132573     .559694           1
```

또한 AR(1)을 가정한 상관계수는 현 시점과 멀어질수록 상관계수값이 작아지고 있다. 즉, $corr(e_{it}, e_{it-1})$=0.5596, $corr(e_{it-1}, e_{it-2})$=0.3132, $corr(e_{it-2}, e_{it-3})$ =0.1753으로 t시점에서 멀어질수록 상관계수가 작아지는 것을 확인할 수 있다.

7.6 xtprobit. pa 추정

마찬가지로 xtprobit, pa corr(ar1)을 적용하여도 동일한 결과를 도출할 수 있는데 분석결과는 다음과 같다.

참고로 xtprobit은 pa옵션과 re옵션이 가능하다(STATA Manual, 15).

그림 7-12 pa옵션을 활용한 xtprobit

```
. xtprobit union age grade not_smsa south, pa corr(ar1)

note:  observations not equally spaced
       modal spacing is delta year = 1 unit
       3766 groups omitted from estimation
note:  some groups have fewer than 2 observations
       not possible to estimate correlations for those groups
       400 groups omitted from estimation


Iteration 1: tolerance = .09517612
Iteration 2: tolerance = .0044606
Iteration 3: tolerance = .00012744
Iteration 4: tolerance = 5.027e-06
Iteration 5: tolerance = 4.198e-07
```

```
GEE population-averaged model              Number of obs      =        702
Group and time vars:          idcode year  Number of groups   =        268
Link:                              probit  Obs per group: min =          2
Family:                          binomial                 avg =        2.6
Correlation:                        AR(1)                 max =          4
                                           Wald chi2(4)       =       5.16
Scale parameter:                        1  Prob > chi2        =     0.2708
```

union	Coef.	Std. Err.	z	P>|z|	[95% Conf. Interval]	
age	-.0071368	.0135601	-0.53	0.599	-.033714	.0194404
grade	.0211537	.0342098	0.62	0.536	-.0458962	.0882036
not_smsa	.1165982	.1826039	0.64	0.523	-.2412989	.4744953
south	-.3202941	.1602177	-2.00	0.046	-.6343149	-.0062732
_cons	-.8541581	.507365	-1.68	0.092	-1.848575	.1402591

패널토빗 모형

8.1 패널토빗의 가정 및 옵션

그림 8-1 패널토빗의 옵션

options	Description
Model	
noconstant	suppress constant term
ll(*varname* | #)	left-censoring variable/limit
ul(*varname* | #)	right-censoring variable/limit
offset(*varname*)	include *varname* in model with coefficient constrained to 1
constraints(*constraints*)	apply specified linear constraints
collinear	keep collinear variables
SE	
vce(*vcetype*)	*vcetype* may be oim, bootstrap, or jackknife
Reporting	
level(#)	set confidence level; default is level(95)
tobit	perform likelihood-ratio test comparing against pooled tobit model
noskip	perform overall model test as a likelihood-ratio test
nocnsreport	do not display constraints
display_options	control column formats, row spacing, line width, and display of omitted variables and base and empty cells
Integration	
intmethod(*intmethod*)	integration method; *intmethod* may be mvaghermite, aghermite, or ghermite; default is intmethod(mvaghermite)
intpoints(#)	use # quadrature points; default is intpoints(12)
Maximization	
maximize_options	control the maximization process; seldom used
coeflegend	display legend instead of statistics

자료: STATA Manual, 14: 518.

패널토빗모형은 확률효과모형에만 추정이 가능하다. 추정을 위한 가정은 다음과 같다.

$$Y_{it} = X_{it}\beta + \nu_i + \varepsilon_{it}, \ \text{이때} \ i=1, \cdots n, \ t=1, \cdots n_i,$$

확률효과인 ν_i와 ε_{it}는 $i.i.d, \ N(0, \sigma_\varepsilon^2)$

　패널토빗을 추정하기 위한 예제 데이터는 r14/nlswork3이다. 종속변수는 ln(wage/GNP deflator)이다. 전체 표본치는 19,224개이고, 그룹수는 4,148개이다. 중도전달비율(censoring rate)은 약 64.1%이고, 좌측중도전달(left-censoring)은 0으로 관찰되었고 옵션에서는 11(0)로 표시한다. 또한 우측중도전달(right-censoring)은 12,334개에 해당하고 옵션은 ul(1.9)을 적용한다.

　특히 ul은 임금의 로그의 우측상한 지정한 지점으로 이해하면 된다. intpoint(25) 옵션은 default값 12부터 통합포인트의 증가분을 의미한다.

```
. webuse nlswork3
(National Longitudinal Survey.  Young Women 14-26 years of age in 1968)

. xtset idcode
        panel variable:  idcode (unbalanced)
```

그림 8-2 xttobit 실행결과

```
. xttobit ln_wage union age grade not_smsa south##c.year, ul(1.9) intpoints(25)

Obtaining starting values for full model:

Iteration 0:   log likelihood = -5491.0288
Iteration 1:   log likelihood = -5373.3596
Iteration 2:   log likelihood = -5372.4032
Iteration 3:   log likelihood = -5372.4027

Fitting full model:

Iteration 0:   log likelihood = -6878.4468
Iteration 1:   log likelihood = -6816.5621
Iteration 2:   log likelihood = -6814.4658
Iteration 3:   log likelihood = -6814.4638
Iteration 4:   log likelihood = -6814.4638

Random-effects tobit regression            Number of obs     =      19224
Group variable: idcode                      Number of groups  =       4148

Random effects u_i ~ Gaussian               Obs per group: min =          1
                                                           avg =        4.6
                                                           max =         12

                                            Wald chi2(7)      =    2924.91
Log likelihood  = -6814.4638                Prob > chi2       =     0.0000
```

ln_wage	Coef.	Std. Err.	z	P>|z|	[95% Conf. Interval]	
union	.1430525	.0069719	20.52	0.000	.1293878	.1567172
age	.009913	.0017517	5.66	0.000	.0064797	.0133463
grade	.0784843	.0022767	34.47	0.000	.074022	.0829466
not_smsa	-.1339973	.0092061	-14.56	0.000	-.1520409	-.1159536
1.south	-.3507181	.0695557	-5.04	0.000	-.4870447	-.2143915
year	-.0008283	.0018372	-0.45	0.652	-.0044291	.0027725
south#c.year						
1	.0031938	.0008606	3.71	0.000	.0015071	.0048805
_cons	.5101968	.1006681	5.07	0.000	.312891	.7075025
/sigma_u	.3045995	.0048346	63.00	0.000	.2951239	.314075
/sigma_e	.2488682	.0018254	136.34	0.000	.2452904	.2524459
rho	.599684	.0084097			.5831174	.6160733

```
Observation summary:       0  left-censored observations
                       12334      uncensored observations
                        6890 right-censored observations
```

분석결과에서 Random effects u_i~Gaussian은 u_i에 대해 정규분포를 가정하고 추정한 것을 알 수 있다. 또한 tobit옵션을 적용하면 LR검정 결과를 제시하는데 귀무가설(Likelihood-ratio test of sigma_u = 0)을 검정한다.

동일한 모형에 LR검정을 위한 명령어는 다음과 같이 tobit을 적용하면 되는데, 귀무가설에 대한 분석결과가 제시된다.

. xttobit ln_wage union age grade not_smsa south##c.year, ul(1.9) intpoints(25) tobit

그림 8-3 tobit옵션을 적용한 xttobit 실행

```
Random-effects tobit regression              Number of obs      =      19224
Group variable: idcode                       Number of groups   =       4148

Random effects u_i ~ Gaussian                Obs per group: min =          1
                                                            avg =        4.6
                                                            max =         12

                                             Wald chi2(7)       =    2924.91
Log likelihood  = -6814.4638                 Prob > chi2        =     0.0000
```

ln_wage	Coef.	Std. Err.	z	P>|z|	[95% Conf. Interval]	
union	.1430525	.0069719	20.52	0.000	.1293878	.1567172
age	.009913	.0017517	5.66	0.000	.0064797	.0133463
grade	.0784843	.0022767	34.47	0.000	.074022	.0829466
not_smsa	-.1339973	.0092061	-14.56	0.000	-.1520409	-.1159536
1.south	-.3507181	.0695557	-5.04	0.000	-.4870447	-.2143915
year	-.0008283	.0018372	-0.45	0.652	-.0044291	.0027725
south#c.year						
1	.0031938	.0008606	3.71	0.000	.0015071	.0048805
_cons	.5101968	.1006681	5.07	0.000	.312891	.7075025
/sigma_u	.3045995	.0048346	63.00	0.000	.2951239	.314075
/sigma_e	.2488682	.0018254	136.34	0.000	.2452904	.2524459
rho	.599684	.0084097			.5831174	.6160733

```
Likelihood-ratio test of sigma_u=0: chibar2(01)= 6650.63 Prob>=chibar2 = 0.000

  Observation summary:        0  left-censored observations
                          12334      uncensored observations
                           6890 right-censored observations
```

분석결과에 의하면 p값(0.000)으로 귀무가설을 기각할 수 있다. 만약에 귀무가설을 기각하지 못하면 pooled 토빗모형으로 추정하면 되지만, 본 예제의 분석결과는 귀무가설을 기각할 수 있기 때문에 확률효과 토빗모형이 적절하다.

또한 오차항의 전체분산에서 패널개체의 이질성을 나타내는 u_i의 분산이 차지하는 비율은 rho = 0.599이다.

rho의 산출공식은 다음과 같다.

$$P = \frac{\sigma_v^2}{\sigma_v^2 + \sigma_\epsilon^2} = \frac{.3045995^2}{.3045995^2 + .2488682^2} = .5996$$

제9장

이중차분 모형(Differences-in-Differences)/ 성향점수매칭(Propensity-score matching)

　　이중차분 모형(Differences-in-Differences: DID 또는 DD)은 주어진 결과변수
의 처치효과를 추정하는데, 단일 이중차분, 공변량 이중차분, 커널성향점수매칭
이중차분, 분위 이중차분 등이 있다. 또한 이중차분법은 커널옵션을 포함한 횡단
면 이중차분 추정에 적합하다. 이중차분은 고정효과 추정기법의 한 형태이다. 다
만 이 명령어(diff)는 13버전부터 활용이 가능하며, 기존 OLS명령어(reg)를 활용하
여 분석이 가능하다.

　　이중차분의 기본모형은 다음과 같다.

$$y_i = \alpha + \delta D_i + \gamma T_i + \beta D_i T_i + \epsilon_i$$

　　이때, D_i는 각 시점에서 정책프로그램(예: 최소임금정책)을 적용(처치그룹)받으
면 1이고, 그렇지 않으면(통제그룹) 0의 값을 가지는 더미변수이다. 또한 T_i는 기
준 시점 이후(after) 시간이면 '1'이고, 기준 시점 이전(before) 시간이면 '0'으로 간
주한다. 더불어 $D_i T_i$는 두 더미변수의 곱으로 상호작용(interaction)을 의미하는 변
수이다.

　　일반적으로 처치그룹의 시점 간 평균차이에서 통제그룹 간 평균차이를 빼주
면 정책의 순수효과를 식별할 수 있는데, 이를 DD라 부르기도 한다.

$$\hat{\beta} = (\overline{y_1}^{treat} - \overline{y_0}^{treat}) - (\overline{y_1}^{control} - \overline{y_0}^{control})$$

　　이제부터 통계자료를 제공하고 있는 Card & Krueger(1994)에 한정하여 논의
해보자. 노동경제학적 관점에서 보면 최저임금이 증가하면 경쟁적 노동시장의 균
형점은 우하향으로 추세가 변화하게 된다. 다시 말해 최저임금이 높아지면 고용
이 줄어들게 된다는 것이다.

　　이를 검증하기 위해 Card & Krueger(1994)는 뉴저지 주와 펜실베이니아 주
를 대상으로 최저임금이 고용에 미치는 효과를 연구하였다. 우선 1992년 4월 1일
뉴저지 주의 최저임금이 4.25달러에서 5.05달러로 증가하였다는 점에 근거하여
1992년 2월과 11월에 패스트푸드(버거킹, 웬디즈 등) 점의 고용규모에 관한 자료를

동일한 방식으로 수집하였다. 흥미로운 점은 펜실베이니아 주의 최저임금은 4.25 달러로 유지되고 있었다.

9.1 기본모형과 추정을 위한 가정

diff outcome_var [if] [in] [weight], [options]

options	Description
Model — Required	
period(varname)	Indicates the binary period variable (0: base line; 1: follow up).
treated(varname)	Indicates the binary treatment variable (0: controls; 1:treated).
Optional	
cov(varlist)	Specifies the pre−treatment covariates of the model. When option **kernel** is selected these variables are used to estimate the propensity score.
kernel	Performs the Kernel−based Propensity Score Matching diff−in−diff. This option generates the variable_weights containing the weights derived from the Kernel Propensity Score Matching, and _ps when the Propensity Score is not supplied in **pscore**(varname), following Leuven and Sianesi(2014). This option requires the id(varname) of each unit or individual except under the repeated cross section rcs) setting.
id(varname)	Option kernel requires the supply of the identification variable.
bw(#)	Supplied bandwidth of the Kernel function. The default bandwidth is 0.06.
ktype(kernel)	Specifies the type of the Kernel function. The types are epanechnikov (the default), gaussian, biweight, uniform and tricube.
rcs	Indicates that the **kernel** is set for repeated cross section. This option does not require option id(varname). Option rcs strongly assumes that covariates in cov(varlist) do not vary over time.
qdid(quantile)	Performs the Quantile Difference in Differences estimation at the specified

quantile from 0.1 to 0.9 (quantile 0.5 performs the QDID at the medeian). You may combine this option with kernel and cov. qdid does not support weights nor robust standard errors. This option uses [R] qreg and [R] bsqreg for bootstrapped standard errors

pscore(varname) Supplied Propensity Score.

logit   Specifies logit estimation of the Propensity Score. The default is Probit.

support   Performs **diff** on the common support of the propensity score given the option kernel.

addcov(varlist) Indicates additional covariates in addition to those specified in the estimation of the propensity score.

SE/Robust

cluster(varname)   Calculates clustered Std. Errors by varname.

robust   Calculates robust Std. Errors.

bs   performs a Bootstrap estimation of coefficients and standard errors.

reps(int)   Specifies the number of repetitions when the bs is selected. The default are 50 repetitions.

Balancing test

test   Performs a balancing t−test of the difference in the means of the covariates between the control and treated groups in period = = 0. The option test combined with kernel performs the balancing t−test with the weighted covariates. See [R] ttest

9.2 DID의 기본개념

그림 9-1 DID 모형의 인과(처치) 효과

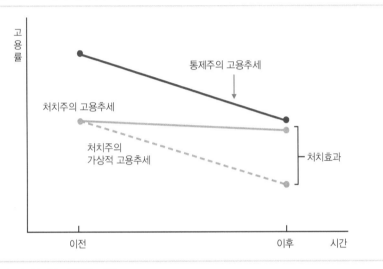

자료: Angrist & Pischke(2009). 231.

위 그림에서 통제(control) 주는 펜실베이니아 주이고, 처치(treat) 주는 뉴저지 주이다. 여기서 예시된 바와 같이 처치가 있으면 공통추세(처치주의 가상적 고용추세)에서 벗어남을 알 수 있다. 다시 말해 처치하지 않았다면 통제주의 고용추세와 동일하게 우하향으로 수요곡선이 나타날 것이다.

함축하면 1992년 2월부터 11월까지 펜실베이니아 주의 고용은 약간 감소하였지만, 뉴저지 주의 고용은 거의 변화하지 않았다.

9.3 DID 모형추정

이제 card & krueger(1994) 자료를 활용하여 실제 분석(diff)을 해보자.

· use cardkrueger1994 , clear

· diff fte, t(treated) p(t)

그림 9-2 기본 DID

```
Number of observations in the DIFF-IN-DIFF: 801
           Baseline      Follow-up
   Control: 78           77          155
   Treated: 326          320         646
           404           397

R-square:   0.0080
```

```
                      DIFFERENCE IN DIFFERENCES ESTIMATION
```

	BASE LINE			FOLLOW UP			
Outcome Variable	Control	Treated	Diff(BL)	Control	Treated	Diff(FU)	DIFF-IN-DIFF
fte	19.949	17.065	-2.884	17.542	17.573	0.030	2.914
Std. Error	1.019	0.499	1.135	1.026	0.503	1.143	1.611
t	19.57	34.22	-2.54	17.10	34.92	0.03	1.81
P>|t|	0.000	0.000	0.011**	0.000	0.000	0.979	0.071*

```
* Means and Standard Errors are estimated by linear regression
**Inference: *** p<0.01; ** p<0.05; * p<0.1
```

위 분석결과에 의하면 fte(full−time−equivalent)의 값이 통제 주(펜실베이니아)는 감소하였고, 뉴저지 주는 소폭 증가하였다. 변화의 총량, 즉 처치효과는 2.914이다. 특히 두 변화의 결과, 즉 차분의 차분(이중차분) 값은 양(+)의 값으로 변화됨을 알 수 있다. 세부적으로 설명하면 처치 전 차분(NJ−PA)값은 −2.884이고, 처치 후 차분(NJ−PA)값은 0.030이며, 이를 합산하면 2.914가 된다.

이제부터 샘플링을 다시 하여(resampling) 표준오차를 수렴하는 부트스트랩 (bootstrap) 옵션을 활용하여 분석해보자. 관측치가 801개이므로 500으로 지정한다.

그림 9-3 부트스트랩을 활용한 DID

```
. diff fte, t(treated) p(t) bs rep(500)
(running regress on estimation sample)

Bootstrap replications (500)
————+——— 1 ———+——— 2 ———+——— 3 ———+——— 4 ———+——— 5
..................................................    50
..................................................   100
..................................................   150
..................................................   200
..................................................   250
..................................................   300
..................................................   350
..................................................   400
..................................................   450
..................................................   500

Number of observations in the DIFF-IN-DIFF: 801
            Baseline      Follow-up
  Control: 78            77            155
  Treated: 326           320           646
           404           397

R-square:   0.0080
Bootstrapped Standard Errors
```

DIFFERENCE IN DIFFERENCES ESTIMATION

Outcome Variable	BASE LINE			FOLLOW UP			DIFF-IN-DIFF
	Control	Treated	Diff(BL)	Control	Treated	Diff(FU)	
fte	19.949	17.065	-2.884	17.542	17.573	0.030	2.914
Std. Error	1.323	0.494	1.398	0.953	0.477	1.075	1.736
z	15.08	34.54	-2.06	18.40	36.88	0.03	1.68
P>|z|	0.000	0.000	0.039**	0.000	0.000	0.977	0.093*

* Means and Standard Errors are estimated by linear regression
**Inference: *** p<0.01; ** p<0.05; * p<0.1

위 분석결과와 거의 동일한 결과값이 나왔다.

이제 좀 더 정교한 분석결과를 도출하기 위해 cluster(id)를 활용하여 분석해 본다.

cluster 옵션을 활용한 DID

```
. diff fte, t(treated) p(t) cluster(id)

Number of observations in the DIFF-IN-DIFF: 801
          Baseline       Follow-up
  Control: 78            77          155
  Treated: 326           320         646
           404           397

R-square:  0.0080
```

DIFFERENCE IN DIFFERENCES ESTIMATION

Outcome Variable	BASE LINE			FOLLOW UP			DIFF-IN-DIFF
	Control	Treated	Diff(BL)	Control	Treated	Diff(FU)	
fte	19.949	17.065	-2.884	17.542	17.573	0.030	2.914
Std. Error	1.318	0.484	1.402	0.898	0.492	1.022	1.291
t	15.13	35.25	-2.06	19.53	35.75	0.03	2.26
P>|t|	0.000	0.000	0.040**	0.000	0.000	0.976	0.025**

```
* Means and Standard Errors are estimated by linear regression
**Clustered Std. Errors
**Inference: *** p<0.01; ** p<0.05; * p<0.1
```

위 분석결과 훨씬 더 유의미한 값이 도출되었다. p-값이 0.025로 변화한 것을 알 수 있다.

이제부터 펜실베이니아와 뉴저지 주에 위치한 패스트푸드점의 비슷한 성격을 매치하여 분석하는 기법을 알아보자. 달리 커널 성향점수매칭차분(kernel propensity score matching DD)라 부르기도 한다.

그림 9-5 성향점수매칭을 활용한 DID

```
. diff fte, t(treated) p(t) cov(bk kfc roys) kernel id(id)

KERNEL PROPENSITY SCORE MATCHING DIFFERENCE-IN-DIFFERENCES

ATENTION: _pscore is estimated at baseline

Matching iterations...
................................................................................
> ..............................................................................
Number of observations in the DIFF-IN-DIFF: 800
          Baseline      Follow-up
  Control: 78           76           154
  Treated: 326          320          646
           404          396

R-square:   0.0154
```

DIFFERENCE IN DIFFERENCES ESTIMATION

Outcome Variable	BASE LINE			FOLLOW UP			DIFF-IN-DIFF
	Control	Treated	Diff(BL)	Control	Treated	Diff(FU)	
fte	20.040	17.065	-2.975	17.449	17.573	0.124	3.099
Std. Error	0.665	0.665	0.941	0.671	0.672	0.949	1.336
t	30.12	25.65	-3.16	26.02	26.17	0.13	2.32
P>|t|	0.000	0.000	0.002***	0.000	0.000	0.896	0.021**

* Means and Standard Errors are estimated by linear regression
**Inference: *** p<0.01; ** p<0.05; * p<0.1

위 분석결과에 의하면 유사한 성격의 패스트푸드점을 통제한 경우 처치의 효과가 더 커짐을 알 수 있다(2.914→3.099). 이렇듯 DD분석 시 가급적 통제 가능한 변수들을 통제하면서 분석할 경우 더욱 유의미한 결과 값을 도출할 수 있다.

지금까지 분석한 기법은 OLS방식으로도 가능하다. 이미 설명한 바 있는 cluster(id)를 활용하여 분석한 결과와 동일한 값이 도출되었다(diff fte, t(treated) p(t) cluster(id) 참고).

그림 9-6 OLS를 활용한 DID

```
. gen tXtreated=t*treated

. reg fte t treated tXtreated, cluster(id)

Linear regression                                  Number of obs =      801
                                                   F(  3,    408) =     1.89
                                                   Prob > F       =   0.1305
                                                   R-squared      =   0.0080
                                                   Root MSE       =    9.003

                             (Std. Err. adjusted for 409 clusters in id)
```

fte	Coef.	Robust Std. Err.	t	P>|t|	[95% Conf. Interval]	
t	-2.40651	1.207109	-1.99	0.047	-4.779439	-.0335815
treated	-2.883534	1.401798	-2.06	0.040	-5.639182	-.1278858
tXtreated	2.913982	1.291448	2.26	0.025	.3752599	5.452705
_cons	19.94872	1.318071	15.13	0.000	17.35766	22.53978

지금까지 분석한 결과를 그래프로 그려보자.

```
. predict yhat
```

(option xb assumed; fitted values)

```
. line yhat t if treated==1 || line yhat t if treated==0
```

그림 9-7 DID 그래프(최저임금의 고용효과)

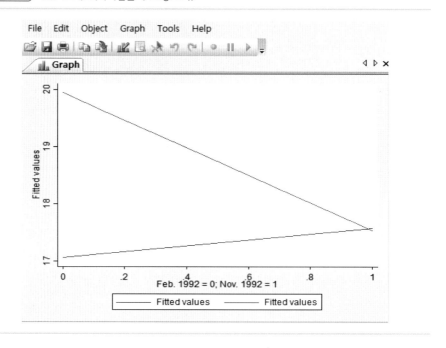

이 그래프를 처음 제시하였던 그래프의 범례와 동일하게 만들어 보자(그래프 에디터 활용법은 "STATA 친해지기" 참고).

그림 9-8   최저임금의 고용효과

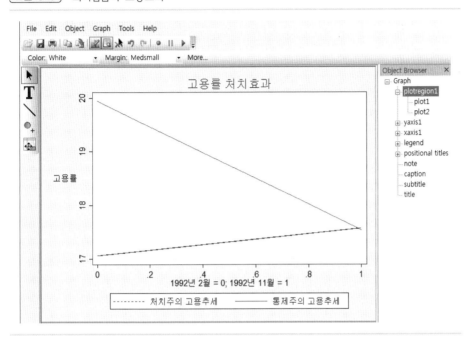

지금까지 분석한 내용들을 do-파일로 제시하면 다음과 같다.

그림 9-9   DID do-file

```
        krueger*  Untitled.do
 1      use krueger1994, clear
 2      diff fte, t(treated) p(t)
 3      diff fte, t(treated) p(t) bs rep(500)
 4      diff fte, t(treated) p(t) cluster(id)
 5      diff fte, t(treated) p(t) cov(bk kfc roys) kernel id(id)
 6      gen tXtreated=t*treated
 7      reg fte t treated tXtreated, cluster(id)
 8      predict yhat
 9      line yhat t if treated==1 || line yhat t if treated==0
10      |
```

9.4 성향점수매칭

성향점수매칭은 가장 비슷한 유닛끼리 비교하는 방법이다. 그 방법은 다양한
데, 다음과 같다.

teffects aipw: Augmented inverse−probability weighting

teffects ipw: Inverse−probability weighting

teffects ipwra: Inverse−probability−weighted regression adjustment

teffects nnmatch: Nearest−neighbor matching

teffects psmatch: Propensity−score matching

다양한 방법이 있겠지만 성향점수매칭은 처리(통제군과 실험군) 확률인 성향
점수를 계산하고 성향점수가 비슷한 대상끼리 매칭하는 성향점수매칭 추정법이
대표적이라 할 수 있다. 다만 여기서는 aipw, ipw, ipwra, nnmatch, psmatch에
관해 알아 보는데 그 핵심은 psmatch이다. 매칭법의 핵심가정은 조건부 독립성이
성립되어야 하며, 조건부 독립성 가정을 식으로 표현하면 다음과 같다.

$$[y_i(0), y_i(1)] \, II \, d_i \mid X_i$$

위 식에서 │은 왼편의 $[y_i(0), y_i(1)] \, II \, d_i$이 성립하는 조건절을 표시한 것이
다. 관측변수 벡터 X_i가 주어진 조건하에서는 잠재성과와 처치 간 독립성 가정이
성립해야 한다는 것이다. 예를 들어 X_i가 성별 더미 F_i라 가정하고 i가 여성이면
$F_i = 1$이고 남성이면 $F_i = 0$이라고 하자. 이때 조건부 독립성 가정이 성립하면 여
성들 내에서는 $(F_i = 1)[y_i(0), y_i(1)] \, II \, d_i$의 독립성 가정이 성립해야 하고, 남성들
내에서는 $(F_i = 0)[y_i(0), y_i(1)] \, II \, d_i$의 독립성 가정이 성립해야 한다. 조건부 독립
성이 성립하면, 임의의 두 남성 또는 두 여성 간 처치 여부는 무작위로 결정된다.
하지만 성별이 다른 남성과 여성 간에는 독립성 가정이 성립하지 않는다. 이렇듯
매칭은 조건부독립성 가정의 타당성과 직결되며, 이 타당성 가정은 일반적으로

X_i에 포함되는 변수가 많을수록 높아진다고 믿었다(Smith and Todd, 2005). 따라서 가능한한 X_i에 많은 변수를 포함시키려고 한다. 그러나 X_i에 포함되는 변수가 많을수록 X_i의 어떤 구역에서는 실제 성과에 대응하는 가상적 대응치가 발견되지 않는 문제점이 발생하게 된다. 이를 다차원성의 저주(curse of dimensionality)라 부른다. 이는 X_i에 포함되는 병수가 늘어날수록 매칭법을 적용하기 점점 더 어려워진다는 의미이다.

이 문제를 해결하기 위해 조건부독립성 가정이 성립하면 X_i 대신에 $\Pr(d_i = 1|X_i)$로 표현되는 성향점수를 이용해 매칭할 수 있음을 증명하였기 때문에 다차원성의 저주를 해결하였다(Rosenbaum and Rubin, 1983). 이는 매칭변수로서 여러 변수들로 구성된 X_i 대신에 1차원 변수인 성향점수를 활용하더라도 좋은 매칭 추정치를 구할 수 있다는 의미이다. 여기서 성향점수란 특정한 X_i의 값을 갖는 사람이 처치받을 확률을 나타내는데, 이른바 표본의 처치 여부는 로짓 또는 프로빗 모형을 추정한 후 개별 X_i를 대입하여 처치확률의 예측치를 계산하게 된다. 성향점수가 매칭변수로 활용될 때 조건부 독립성 가정은 다음과 같이 수정되어야 한다.

$$[y_i(0), y_i(1)] \; \amalg \, d_i \mid \Pr(d_i = 1 \,|X_i)$$

성향점수매칭(psmatch)은 이항처리의 경우 logit이나 probit 기법을 활용하여 성향점수를 추정하고 유사한 성향점수끼리 비교하는 것으로 2단계의 과정을 거치게 된다. 1단계에서는 성향점수를 추정하는데, 주로 logit모형을 활용한다. 2단계에서는 추정된 성향점수에 기초하여 성향점수가 유사한 유닛끼리 매칭하여 성과지표의 차이를 계산하고 다시 평균을 취하게 된다.

지금부터 여러 가지 성향점수매칭 기법을 활용하여 분석해보겠지만 추정치는 비슷함을 알 수 있다. 실제 분석을 위해 활용된 예제파일은 use http://www.statapress.com/data/r14/cattaneo2.dta이다.

aipw의 기본(default)은 평균처리효과(average treatment effect, ATE)와 잠재성
과(potential outcome means, POM)(untreated)만을 보여준다.

use http://www.stata−press.com/data/r14/cattaneo2.dta

(Excerpt from Cattaneo (2010) Journal of Econometrics 155: 138−154)

teffects aipw (bweight prenatal1 mmarried mage fbaby)(mbsmoke
mmarried c.mage##c.mage fbaby medu, probit)

그림 9-10 teffects aipw 추정

```
Iteration 0:   EE criterion =  4.629e-21
Iteration 1:   EE criterion =  1.724e-25

Treatment-effects estimation                  Number of obs      =       4,642
Estimator      : augmented IPW
Outcome model  : linear by ML
Treatment model: probit
```

bweight	Coef.	Robust Std. Err.	z	P>|z|	[95% Conf. Interval]	
ATE						
mbsmoke (smoker vs nonsmoker)	-230.9892	26.21056	-8.81	0.000	-282.361	-179.6174
POmean						
mbsmoke nonsmoker	3403.355	9.568472	355.68	0.000	3384.601	3422.109

위 분석결과에 의하면, 흡연자 산모가 출산한 유아의 몸무게는 비흡연자 산
모가 출산한 유아의 몸무게 평균 3403g에 비해 231g 적다.

다음의 분석결과는 aipw의 기본방법에서 옵션으로 POM(treated)과 aequations
(display auxiliary−equation results)을 적용한 것이다. POM 옵션을 적용하면 위 분
석결과에서 231g 적다는 설명에 추가하여 실제 차이를 알려준다. 아울러 aequations는
OME0(선형회귀계수), OME1(잠재성과 (treated)), TME1(추정을 위해 probit 모형 활용)
에 관한 세부내용을 추가로 분석하게 된다.

teffects   aipw   (bweight   prenatal1   mmarried   mage   fbaby)(mbsmoke
mmarried c.mage##c.mage fbaby medu, probit), pomeans aequations

그림 9-11 teffects aipw 추정(pomeans aequations 적용)

```
Iteration 0:   EE criterion =   4.629e-21
Iteration 1:   EE criterion =   7.549e-26

Treatment-effects estimation            Number of obs   =      4,642
Estimator       : augmented IPW
Outcome model   : linear by ML
Treatment model: probit
```

bweight	Coef.	Robust Std. Err.	z	P>|z|	[95% Conf. Interval]	
POmeans						
mbsmoke						
nonsmoker	3403.355	9.568472	355.68	0.000	3384.601	3422.109
smoker	3172.366	24.42456	129.88	0.000	3124.495	3220.237
OME0						
prenatal1	64.40859	27.52699	2.34	0.019	10.45669	118.3605
mmarried	160.9513	26.6162	6.05	0.000	108.7845	213.1181
mage	2.546828	2.084324	1.22	0.222	-1.538373	6.632028
fbaby	-71.3286	19.64701	-3.63	0.000	-109.836	-32.82117
_cons	3202.746	54.01082	59.30	0.000	3096.886	3308.605
OME1						
prenatal1	25.11133	40.37541	0.62	0.534	-54.02302	104.2457
mmarried	133.6617	40.86443	3.27	0.001	53.5689	213.7545
mage	-7.370881	4.21817	-1.75	0.081	-15.63834	.8965804
fbaby	41.43991	39.70712	1.04	0.297	-36.38461	119.2644
_cons	3227.169	104.4059	30.91	0.000	3022.537	3431.801
TME1						
mmarried	-.6484821	.0554173	-11.70	0.000	-.757098	-.5398663
mage	.1744327	.0363718	4.80	0.000	.1031452	.2457202
c.mage#c.mage	-.0032559	.0006678	-4.88	0.000	-.0045647	-.0019471
fbaby	-.2175962	.0495604	-4.39	0.000	-.3147328	-.1204595
medu	-.0863631	.0100148	-8.62	0.000	-.1059917	-.0667345
_cons	-1.558255	.4639691	-3.36	0.001	-2.467618	-.6488926

종전 분석결과에서 POM(비흡연자) 3403g과 평균처리효과(ATE) 231g만을 보여 주었다면 앞서 분석결과에서는 실제 231g의 차이를 세부적으로 보여주고 있다.

이제 ipw에 관해 논의해보자. ipw의 기본은 ATE(average treatment effect in population)과 POM(untreated)이며, 옵션은 POM(treated)과 ATET(average treatment effect on the treated)을 적용할 수 있다.

teffects ipw (bweight)(mbsmoke mmarried c.mage##c.mage fbaby medu, probit)

그림 9-12 teffects ipw 추정

```
Iteration 0:   EE criterion =  4.622e-21
Iteration 1:   EE criterion =  9.068e-26

Treatment-effects estimation                   Number of obs    =      4,642
Estimator        : inverse-probability weights
Outcome model    : weighted mean
Treatment model: probit
```

	bweight	Coef.	Robust Std. Err.	z	P>|z|	[95% Conf. Interval]
ATE mbsmoke (smoker vs nonsmoker)		-230.6886	25.81524	-8.94	0.000	-281.2856 -180.0917
POmean mbsmoke nonsmoker		3403.463	9.571369	355.59	0.000	3384.703 3422.222

위 분석결과에 의하면, 흡연자 산모가 출산한 유아의 몸무게는 비흡연자 산모가 출산한 유아의 몸무게 평균 3403g에 비해 231g 적다.

teffects ipw (bweight)(mbsmoke mmarried c.mage##c.mage fbaby medu, probit), atet

그림 9-13 teffects ipw 추정(atet 적용)

```
Iteration 0:   EE criterion =  4.637e-21
Iteration 1:   EE criterion =  8.791e-27

Treatment-effects estimation              Number of obs     =       4,642
Estimator        : inverse-probability weights
Outcome model  : weighted mean
Treatment model: probit
```

bweight	Coef.	Robust Std. Err.	z	P>|z|	[95% Conf. Interval]	
ATET						
mbsmoke (smoker vs nonsmoker)	-225.1773	23.66458	-9.52	0.000	-271.559	-178.7955
POmean						
mbsmoke nonsmoker	3362.837	14.20149	236.79	0.000	3335.003	3390.671

옵션으로 POM(treated)과 ATET(average treatment effect on the treated)을 적용한 결과, 평균처리효과(ATET)는 흡연자 산모가 출산한 유아의 몸무게는 비흡연자 산모가 출산한 유아의 몸무게 평균 3363g에 비해 225g 적다고 할 수 있다.

ipwra에 관해 설명하면 다음과 같다. 추정치는 그리 큰 차이가 없다.

teffects ipwra (bweight prenatal1 mmarried c.mage fbaby)(mbsmoke mmarried c.mage##c.mage fbaby medu, probit)

그림 9-14 teffects ipwra 추정

```
Iteration 0:   EE criterion =  9.572e-21
Iteration 1:   EE criterion =  6.145e-26

Treatment-effects estimation              Number of obs     =      4,642
Estimator       : IPW regression adjustment
Outcome model  : linear
Treatment model: probit
```

bweight	Coef.	Robust Std. Err.	z	P>|z|	[95% Conf. Interval]	
ATE						
mbsmoke (smoker vs nonsmoker)	-229.9671	26.62668	-8.64	0.000	-282.1544	-177.7798
POmean						
mbsmoke nonsmoker	3403.336	9.57126	355.58	0.000	3384.576	3422.095

위 분석결과에 의하면, 흡연자 산모가 출산한 유아의 몸무게는 비흡연자 산모가 출산한 유아의 몸무게 평균 3403g에 비해 230g 적다.

옵션으로 pomeans aequations을 적용할 수도 있는데, 분석결과는 aipw와 유사하다.

teffects ipwra (bweight prenatal1 mmarried c.mage fbaby)(mbsmoke mmarried c.mage##c.mage fbaby medu, probit), pomeans aequations

이제 nnmatch에 관해 설명하면 다음과 같다.

teffects nnmatch (bweight prenatal1 mage mmarried fbaby)(mbsmoke)

그림 9-15 teffects nnmatch 추정

```
Treatment-effects estimation              Number of obs     =      4,642
Estimator      : nearest-neighbor matching  Matches: requested =          1
Outcome model  : matching                           min =          1
Distance metric: Mahalanobis                        max =        139
```

bweight	Coef.	AI Robust Std. Err.	z	P>|z|	[95% Conf. Interval]
ATE					
mbsmoke (smoker vs nonsmoker)	-240.3306	28.43006	-8.45	0.000	-296.0525 -184.6087

위 분석결과에 의하면, 흡연자 산모가 출산한 유아의 몸무게가 비흡연자 산모가 출산한 유아의 몸무게에 비해 240g 적다.

qui teffects ipw (bweight)(mbsmoke mmarried c.mage##c.mage fbaby medu, probit)

teffects overlap

그림 9-16 teffects overlap 그래프

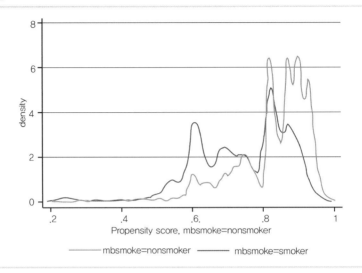

teffects 이후 매칭이 잘 되었는지 확인할 필요가 있다. teffects overlap을 활용하면 매칭 후 어떻게 변했는지 확인이 가능하다.

가장 일반적으로 활용되는 psmatch에 관한 옵션을 설명하면 다음과 같다.

tmodel	Description
Model	
logit	logistic treatment model; the default
probit	probit treatment model
hetprobit(*varlist*)	heteroskedastic probit treatment model

tmodel specifies the model for the treatment variable.

stat	Description
Stat	
ate	estimate average treatment effect in population; the default
atet	estimate average treatment effect on the treated

options	Description
Model	
nneighbor(#)	specify number of matches per observation; default is nneighbor(1)
SE/Robust	
vce(*vcetype*)	*vcetype* may be
	vce(robust [, nn(#)]); use robust Abadie–Imbens standard errors with # matches
	vce(iid); use independent and identically distributed Abadie–Imbens standard errors
Reporting	
level(#)	set confidence level; default is level(95)
display_options	control columns and column formats, row spacing, line width, display of omitted variables and base and empty cells, and factor-variable labeling
Advanced	
caliper(#)	specify the maximum distance for which two observations are potential neighbors
pstolerance(#)	set tolerance for in overlap assumption
osample(*newvar*)	*newvar* identifies observations that violate the overlap assumption
control(# | *label*)	specify the level of *tvar* that is the control
tlevel(# | *label*)	specify the level of *tvar* that is the treatment
generate(*stub*)	generate variables containing the observation numbers of the nearest neighbors
coeflegend	display legend instead of statistics

teffects psmatch (bweight)(mbsmoke mmarried c.mage##c.mage fbaby medu)

그림 9-17 teffects psmatch 추정

```
Treatment-effects estimation              Number of obs      =     4,642
Estimator      : propensity-score matching  Matches: requested =         1
Outcome model  : matching                                 min =         1
Treatment model: logit                                    max =        74
```

	Coef.	AI Robust Std. Err.	z	P>|z|	[95% Conf. Interval]
bweight					
ATE					
mbsmoke					
(smoker vs nonsmoker)	-210.9683	32.021	-6.59	0.000	-273.7284 -148.2083

좀전에 분석한 teffects psmatch (bweight)(mbsmoke mmarried c.mage##c.mage fbaby medu)에 기초하여 psmatch 분석례를 소개하면 다음과 같다.

아래에서 y는 성과변수에 해당하고, 나머지는 treat변수에 해당한다.

teffects psmatch (bweight)(mbsmoke mmarried c.mage##c.mage fbaby medu)

teffects psmatch (y) (treat x i.a)

teffects psmatch (y) (treat x i.a), atet

teffects psmatch (y) (treat x i.a, hetprobit(x i.a)): 이분산 probit 모형분석

teffects psmatch (y) (treat x i.a), nneighbor(4): 개체별로 4개 매칭하여 분석

제10장

생존분석/콕스회귀

10.1 생존분석의 개념 및 분석

최근 들어 사회과학분야에서도 생존분석기법이 널리 활용되고 있다. 생존분석은 생명표(life table), 카플란－마이어(Kaplan－Meier) 기법이 있는데, 주로 의학분야에서 사망이나 진통제효과 등을 생존자의 분율을 추정하는 기법이다. 생명표(life table)는 시간별 선택지점에서 생존함수를 평가하고 노출위험이 있는 대상자수, 사망, 중도절단 대상자수 등을 표시한다.

그림 10-1 생명표 옵션

ltable *timevar* [*deadvar*] [*if*] [*in*] [*weight*] [, *options*]

options	Description
Main	
notable	display graph only; suppress display of table
graph	present the table graphically, as well as in tabular form
by(*groupvar*)	produce separate tables (or graphs) for each value of *groupvar*
test	report χ^2 measure of differences between groups (2 tests)
overlay	overlay plots on the same graph
survival	display survival table; the default
failure	display cumulative failure table
hazard	display hazard table
ci	graph confidence interval
level(#)	set confidence level; default is level(95)
noadjust	suppress actuarial adjustment for deaths and censored observations
tvid(*varname*)	subject ID variable to use with time-varying parameters
intervals(w | *numlist*)	time intervals in which data are to be aggregated for tables
saving(*filename*[, replace])	save the life-table data to *filename*; use replace to overwrite existing *filename*
Plot	
plotopts(*plot_options*)	affect rendition of the plotted line and plotted points
plot#opts(*plot_options*)	affect rendition of the #th plotted line and plotted points; available only with overlay
CI plot	
ciopts(*rspike_options*)	affect rendition of the confidence intervals
ci#opts(*rspike_options*)	affect rendition of the #th confidence interval; available only with overlay
Add plots	
addplot(*plot*)	add other plots to the generated graph
Y axis, X axis, Titles, Legend, Overall	
twoway_options	any options other than by() documented in [G-3] *twoway_options*
byopts(*byopts*)	how subgraphs are combined, labeled, etc.

분석을 위한 예제파일은 시스템에 탑재된 manual datasets 중 r14/stan3.dta 이다.

그림 10-2 생명표 분석

```
. ltable stime died, intervals(30(5)50) by(transplant)
```

Interval		Beg. Total	Deaths	Lost	Survival	Std. Error	[95% Conf. Int.]	
transplant = 0								
0	.	34	17	1	0.4925	0.0864	0.3164	0.6467
30	35	16	1	1	0.4608	0.0865	0.2878	0.6175
35	40	14	3	0	0.3620	0.0847	0.2029	0.5235
40	45	11	2	0	0.2962	0.0811	0.1510	0.4571
50	.	9	7	2	0.0370	0.0361	0.0028	0.1578
transplant = 1								
0	.	138	5	5	0.9631	0.0162	0.9136	0.9845
30	35	128	1	1	0.9555	0.0177	0.9037	0.9798
35	40	126	1	3	0.9479	0.0192	0.8937	0.9748
40	45	122	1	1	0.9401	0.0206	0.8837	0.9696
45	50	120	1	1	0.9322	0.0218	0.8737	0.9642
50	.	118	36	82	0.4964	0.0543	0.3863	0.5970

위 <그림 10-2>에서 설명하고 있듯이 시간간격은 30-50이고 간격이 5시 간이다. 예컨대 간격 40-45시간의 종료시점인 45시간 후에 생존율은 심장이식을 하지 않은 사람은 29.62%에서 심장이식을 한 사람이 94.01%임을 알 수 있다.

생존분석을 위한 초기 준비명령어는 stset이다.

그림 10-3 stset 옵션

Single-record-per-subject survival data

stset *timevar* [*if*] [*weight*] [, *single_options*]

streset [*if*] [*weight*] [, *single_options*]

st [, nocmd notable]

stset, clear

Multiple-record-per-subject survival data

stset *timevar* [*if*] [*weight*] , id(*idvar*) failure(*failvar*[==*numlist*])
     [*multiple_options*]

streset [*if*] [*weight*] [, *multiple_options*]

streset, {past|future|past future}

st [, nocmd notable]

stset, clear

single_options	Description
Main	
failure(*failvar*[==*numlist*])	failure event
noshow	prevent other st commands from showing st setting information
Options	
origin(time *exp*)	define when a subject becomes at risk
scale(#)	rescale time value
enter(time *exp*)	specify when subject first enters study
exit(time *exp*)	specify when subject exits study
Advanced	
if(*exp*)	select records for which *exp* is true; recommended rather than if *exp*
time0(*varname*)	mechanical aspect of interpretation about records in dataset; seldom used

multiple_options	Description
Main	
* id(*idvar*)	multiple-record ID variable
* failure(*failvar*[==*numlist*])	failure event
noshow	prevent other st commands from showing st setting information
Options	
origin([*varname*==*numlist*] time *exp*|min)	define when a subject becomes at risk
scale(#)	rescale time value
enter([*varname*==*numlist*] time *exp*)	specify when subject first enters study
exit(failure|[*varname*==*numlist*] time *exp*)	specify when subject exits study
Advanced	
if(*exp*)	select records for which *exp* is true; recommended rather than if *exp*
ever(*exp*)	select subjects for which *exp* is ever true
never(*exp*)	select subjects for which *exp* is never true
after(*exp*)	select records within subject on or after the first time *exp* is true
before(*exp*)	select records within subject before the first time *exp* is true
time0(*varname*)	mechanical aspect of interpretation about records in dataset; seldom used

그림 10-4 생존분석

```
. stset stime, failure(died==1) id(id)

                id:  id
    failure event:  died == 1
obs. time interval:  (stime[_n-1], stime]
 exit on or before:  failure


   172  total obs.
   138  multiple records at same instant                    PROBABLE ERROR
        (stime[_n-1]==stime)

    34  obs. remaining, representing
    34  subjects
    30  failures in single failure-per-subject data
  3285  total analysis time at risk, at risk from t =           0
                            earliest observed entry t =          0
                             last observed exit t =           1400
```

시간변수로서 stime(무작위 배정~관찰종료시까지 시간(일)), died(실패, 관찰종료
당시 사망)은 1로 정의했다. 전체 관찰대상자 172명 중에 34명이 실패했고, 전체
위험시간은 3,285시간(일)이다.

그림 10-5 codebook

```
. codebook, compact

Variable    Obs Unique      Mean   Min   Max  Label

id          172    103  53.05814     1   103  Patient Identifier
year        172      8  70.73256    67    74  Year of Acceptance
age         172     35  44.97674     8    64  Age
died        172      2  .4360465     0     1  Survival Status (1=dead)
stime       172     88  352.2733     1  1799  Survival Time (Days)
surgery     172      2  .1395349     0     1  Surgery (e.g. CABG)
transplant  172      2  .8023256     0     1  Heart Transplant
wait        172     41  30.82558     0   310  Waiting Time
posttran    172      2  .4011628     0     1
t1          172    110  201.0994     1  1799
_st         172      2  .1976744     0     1
_d           34      2  .8823529     0     1
_t           34     27  96.61765     1  1400
_t0          34      1         0     0     0
```

위 명령어(codebook)를 적용하면 관측치(obs), 라벨(label)까지 보여지며, 특히 4개 변수(_st, _d, _t, _t0)에 주목할 필요가 있다. _st 코드 1은 관측치 중에서 타당한 생존정보를 갖고 있는지를 의미한다. 다시 말해 양의 값을 갖는 위험시간과 관찰종료시점에서 정의된 상태(_d)에 해당한다. 또한 _d는 중도절단을 의미하는 0과 실패를 의미하는 1로 표시된다. 한마디로 died 변수와 동일하다. _t는 관찰종료시점까지 시간으로 stime 변수와 동일하다. 마지막으로 _t0은 관찰시작 시점의 시간으로 모든 관찰 대상자가 0이 된다.

10.2 카플란마이어 생존함수

그림 10-6 sts 옵션

```
sts graph [if] [in] [, options]
```

options	Description
Main	
survival	graph Kaplan–Meier survivor function; the default
failure	graph Kaplan–Meier failure function
cumhaz	graph Nelson–Aalen cumulative hazard function
hazard	graph smoothed hazard estimate
by(*varlist*)	estimate and graph separate functions for each group formed by *varlist*
adjustfor(*varlist*)	adjust the estimates to zero values of *varlist*
strata(*varlist*)	stratify on different groups of *varlist*
separate	show curves on separate graphs; default is to show curves one on top of another
ci	show pointwise confidence bands
At-risk table	
risktable	show table of number at risk beneath graph
risktable(*risk_spec*)	show customized table of number at risk beneath graph

그림 10-7 생존분석(카플란-마이어)

```
. sts list, by( transplant) at (30(5)50)

         failure _d:  died
   analysis time _t:  t1
                 id:  id
```

	Beg.		Survivor	Std.		
Time	Total	Fail	Function	Error	[95% Conf. Int.]	
transplant=0						
30	18	17	0.4930	0.0867	0.3162	0.6476
35	14	2	0.4273	0.0867	0.2573	0.5870
40	11	4	0.2958	0.0812	0.1504	0.4570
45	11	0	0.2958	0.0812	0.1504	0.4570
50	9	1	0.2629	0.0786	0.1261	0.4224
transplant=1						
30	64	6	0.9130	0.0339	0.8166	0.9600
35	64	0	0.9130	0.0339	0.8166	0.9600
40	63	1	0.8986	0.0363	0.7989	0.9503
45	60	2	0.8691	0.0407	0.7635	0.9296
50	60	0	0.8691	0.0407	0.7635	0.9296

Note: survivor function is calculated over full data and evaluated at
       indicated times; it is not calculated from aggregates shown at left.

stset list를 활용한 분석결과와 종전의 itable을 활용한 분석결과와 다소 다르다. 특히, Beg. Total아래에 있는 대상자 수가 약간 다른데, 이는 직전 실패사건이 발생한 시점에서 위험대상자 수가 되기 때문이다.

이제 심장이식을 받은 사람과 받지 않은 사람에 대해 Kaplan−Meier 그래프를 그려서 비교해보자.

그림 10-8 카플란-마이어 그래프

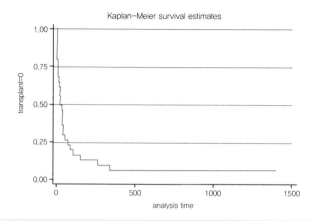

그림 10-9 카플란-마이어 그래프 1

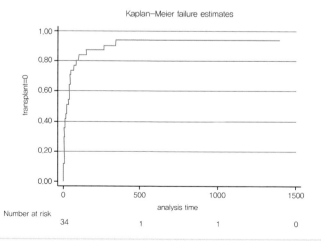

10.3 콕스회귀모형

콕스회귀모형은 콕스비례위험모형(Cox proportional hazards regression)이라 부르기도 하는데 위험비(hazard ratio)를 추정한다. 실제는 위험비를 모두 발생률비로 해석할 수도 있다.

그림 10-10 콕스회귀(stcox) 옵션

```
stcox [varlist] [if] [in] [, options]
```

options	Description
Model	
estimate	fit model without covariates
strata(varnames)	strata ID variables
shared(varname)	shared-frailty ID variable
offset(varname)	include varname in model with coefficient constrained to 1
breslow	use Breslow method to handle tied failures; the default
efron	use Efron method to handle tied failures
exactm	use exact marginal-likelihood method to handle tied failures
exactp	use exact partial-likelihood method to handle tied failures
Time varying	
tvc(varlist)	time-varying covariates
texp(exp)	multiplier for time-varying covariates; default is texp(_t)
SE/Robust	
vce(vcetype)	vcetype may be oim, robust, cluster clustvar, bootstrap, or jackknife
noadjust	do not use standard degree-of-freedom adjustment
Reporting	
level(#)	set confidence level; default is level(95)
nohr	report coefficients, not hazard ratios
noshow	do not show st setting information
display_options	control column formats, row spacing, line width, display of omitted variables and base and empty cells, and factor-variable labeling
Maximization	
maximize_options	control the maximization process; seldom used
coeflegend	display legend instead of statistics

분석을 위해 활용할 예제파일은 시스템에 탑재된 파일(r15/drugtr.dta)이며 다음과 같다.

그림 10-11 콕스비례위험 회귀

```
. xi: stcox drug i.age, schoenfeld(sch*) basesurv(s) nolog
i.age              _Iage_47-67      (naturally coded; _Iage_47 omitted)

           failure _d:  died
   analysis time _t:  studytime

Cox regression -- Breslow method for ties

No. of subjects =            48            Number of obs   =            48
No. of failures =            31
Time at risk    =           744
                                           LR chi2(17)     =         58.03
Log likelihood  =   -70.896984            Prob > chi2     =        0.0000
```

_t	Haz. Ratio	Std. Err.	z	P>|z|	[95% Conf. Interval]	
drug	.0342452	.0228559	-5.06	0.000	.0092574	.1266801
_Iage_48	7.35e-21	.	.	.	.	.
_Iage_49	.146109	.1923821	-1.46	0.144	.0110636	1.929551
_Iage_50	.1517863	.2261974	-1.27	0.206	.0081798	2.816592
_Iage_51	.1195632	.1878756	-1.35	0.176	.0054962	2.600957
_Iage_52	.0741734	.0957821	-2.01	0.044	.0059029	.9320249
_Iage_54	10.63555	16.23227	1.55	0.121	.5341125	211.7811
_Iage_55	.4729957	.5917097	-0.60	0.550	.0407398	5.491564
_Iage_56	.336916	.445984	-0.82	0.411	.0251632	4.511055
_Iage_57	.092037	.1267437	-1.73	0.083	.0061912	1.368196
_Iage_58	.780893	.9317331	-0.21	0.836	.0753302	8.09495
_Iage_59	9.465887	16.17355	1.32	0.188	.3324962	269.4859
_Iage_60	.166967	.2616986	-1.14	0.253	.0077354	3.603928
_Iage_61	5.365744	8.170258	1.10	0.270	.2713507	106.1033
_Iage_62	.1739247	.2358519	-1.29	0.197	.0121922	2.481074
_Iage_63	1.417194	2.22939	0.22	0.825	.0649235	30.93543
_Iage_65	10.34959	16.56386	1.46	0.144	.4493966	238.3508
_Iage_67	3.886074	4.869401	1.08	0.279	.3333668	45.30015

비례 위험요건은 위험비나 발생률비가 관찰시간에 따라 일정하다는 의미이다. 다음 <그림 10-12>를 보면 무작위배정 이후 drug을 투여하지 않은 사람들(drug=0)이 drug을 투여한 사람들(drug=1)보다 훨씬 높다. 시간이 지날수록 차이가 다소 줄어드는 것을 알 수 있다. 이를 그래프로 작성하려면 stphplot 명령어를 활용하면 되는데, 다음 그래프가 그려진다.

· stphplot, by(drug)

그림 10-12 비례위험 가정평가

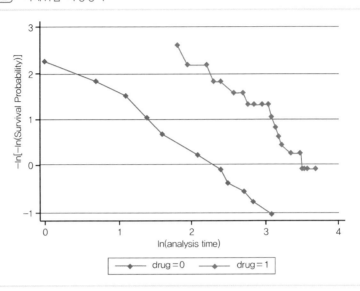

비례위험 요건이 충족되면 대략적으로 평행형태를 보인다. 이를 검증하기 위해 stcox를 활용하여 종전에 분석에 옵션으로 활용했던 schoenfeld( )옵션과 함께 적용해야 한다. 그 이후 estat phtest를 실행하면 된다.

그림 10-13 비례위험 가정평가(phtest)

```
. estat phtest

    Test of proportional-hazards assumption

    Time:  Time
```

	chi2	df	Prob>chi2
global test	11.54	17	0.8273

stcurve는 stcox 후에 실행해야 한다.

. stcurve, survival at1(drug=0) at2(drug=1) ylabel(.1 (0.1) 1, grid)

그림 10-14 비례위험가정에 근거한 추정생존곡선

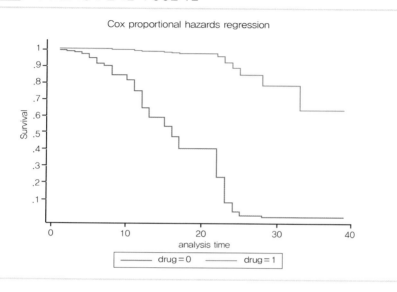

위 그래프를 달리 표현하고 싶을 경우, smoothed hazard function의 그래프를 그릴 수도 있다. 그 명령어는 다음과 같다.

. stcurve, hazard at1(drug=0) at2(drug=1) kernel(gauss) yscale(log)

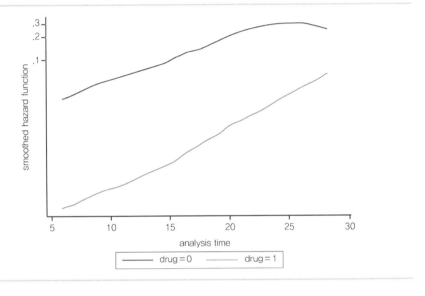

그림 10-15 비례위험가정에 근거한 추정생존곡선(smoothed hazard)

제11장

다차원선형모형(HLM)

11.1 모형과 추정을 위한 가정

HLM은 계층선형모형(hierarchical) 또는 다차원 선형모형(multilevel)으로 설명된다.

<u>Syntax</u>

    xtmixed <u>depvar</u> [fe_equation] [|| re_equation] [|| re_equation ...] [, <u>options</u>]

where the syntax of *fe_equation* is

    [<u>indepvars</u>] [<u>if</u>] [<u>in</u>] [<u>weight</u>] [, <u>fe options</u>]

and the syntax of *re_equation* is one of the following:

    for random coefficients and intercepts

    <u>levelvar</u>: [<u>varlist</u>] [, <u>re options</u>]

    for a random effect among the values of a factor variable

    <u>levelvar</u>: R.<u>varname</u> [, <u>re options</u>]

그림 11-1 HLM의 옵션

fe_options	Description
Model	
noconstant	suppress constant term from the fixed-effects equation

re_options	Description
Model	
covariance(*vartype*)	variance-covariance structure of the random effects
noconstant	suppress constant term from the random-effects equation
collinear	keep collinear variables
fweight(*exp*)	frequency weights at higher levels
pweight(*exp*)	sampling weights at higher levels

vartype	Description
independent	one variance parameter per random effect, all covariances zero; the default unless a factor variable is spec
exchangeable	equal variances for random effects, and one common pairwise covariance
identity	equal variances for random effects, all covariances zero; the default for factor variables
unstructured	all variances and covariances distinctly estimated

options	Description
Model	
mle	fit model via maximum likelihood, the default
reml	fit model via restricted maximum likelihood
pwscale(*scale method*)	control scaling of sampling weights in two-level models
residuals(*rspec*)	structure of residual errors
SE/Robust	
vce(*vcetype*)	vcetype may be oim, robust, or cluster *clustvar*
Reporting	
level(#)	set confidence level; default is level(95)
variance	show random-effects parameter estimates as variances and covariances
noretable	suppress random-effects table
nofetable	suppress fixed-effects table
estmetric	show parameter estimates in the estimation metric
noheader	suppress output header
nogroup	suppress table summarizing groups
nostderr	do not estimate standard errors of random-effects parameters
nolrtest	do not perform LR test comparing to linear regression
display options	control column formats, row spacing, line width, and display of omitted variables and base and empty cells
EM options	
emiterate(#)	number of EM iterations, default is 20
emtolerance(#)	EM convergence tolerance, default is 1e-10
emonly	fit model exclusively using EM
emlog	show EM iteration log
emdots	show EM iterations as dots
Maximization	
maximize options	control the maximization process; seldom used
matsqrt	parameterize variance components using matrix square roots; the default
matlog	parameterize variance components using matrix logarithms
coeflegend	display legend instead of statistics

실증분석에 앞서 변수의 특성을 알아보면 다음과 같다. 아래에 설명된 바와 같이 gsp는 주(state)총생산을 의미하고, year는 1970년에서 1986년까지, state는 48개로, region은 9개로 구성되어 있음을 알 수 있다.

```
. describe gsp year state region

                  storage  display    value
variable name     type     format     label      variable label
─────────────────────────────────────────────────────────────────
gsp               float    %9.0g                 log(gross state product)
year              int      %9.0g                 years 1970-1986
state             byte     %9.0g                 states 1-48
region            byte     %9.0g                 regions 1-9
```

다음 <그림 11-2>는 연도별 log(gsp)를 나타내고 있는데, 9개 지역을 구분하여 연도별 log(gsp) 추세를 살펴보기 위함이다. 그래프의 제목(title)은 "log(GSP) by Region"로 설정하였다.

· twoway (line gsp year, connect(ascending)), by(region, title("log(GSP) by Region", size(medsmall)))

그림 11-2 지역별 log(GSP) 추세

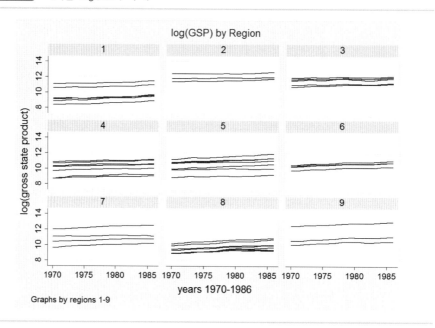

우선, 실증분석에 앞서 HLM의 기본개념을 알아보자. 아래 <그림 11-3>에 설명하고 있는 바와 같이 3개의 레벨로 구성되어 있다고 가정하자. 예컨대, 3레벨은 지역(region), 2 레벨은 주(state), 1 레벨은 관측치(observation)로 구성된다.

그림 11-3 레벨 구성도

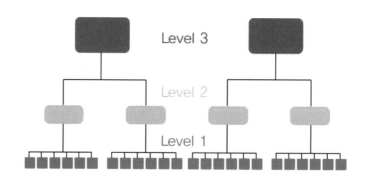

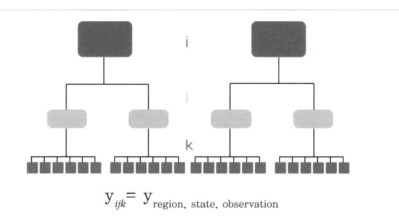

$$\text{y}_{ijk} = \text{y}_{\text{region, state, observation}}$$

이를 달리 표현하면 $y_{ijk} = \mu + e_{ijk}$로 설명이 되는데, 이때 e_{ijk}(observed)는 μ(고정(fixed))과 e_{ijk}(임의(random))의 합으로 처리된다.

그림 11-4 효과 설명

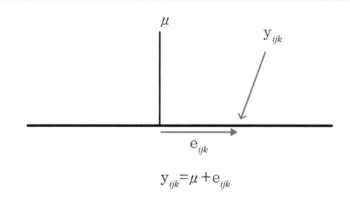

$$\text{y}_{ijk} = \mu + \text{e}_{ijk}$$

더 세분화하여 설명하면 2레벨 주(state) 정규분포 곡선에 관측치가 분포되어 있다.

그림 11-5 레벨 및 1레벨의 분포

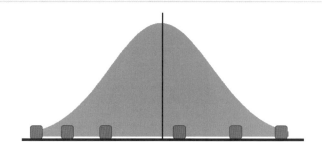

**Observations within states will vary
about their state mean.**

또한 3레벨 지역(region) 정규분포 곡선 내에 2레벨 주(state) 평균이 다양하게 분포되어 있다. 이렇듯 다양하게 1, 2, 3레벨에 관측치가 분포되어 있다. 쉬운 예를 들어 보면 개인이 주 정부의 구성원이면서, 더 큰 범주인 지역의 구성원이 된다.

그림 11-6 3레벨, 2레벨, 1레벨의 분포

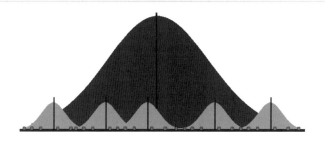

**State means within regions will vary
about their region mean.**

다음 <그림 11-7>에 설명하고 있듯이, 전체 평균(μ)으로 부처 지역 평균 (region mean), 주 평균(state mean), 관측치 평균(observation mean)이 얼마정도 편차가 있는지를 검증한다.

그림 11-7 종합

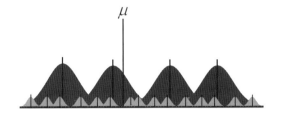

Regional means will vary about the grand mean.

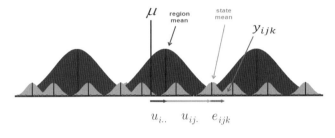

$$u_{i..} \quad u_{ij.} \quad e_{ijk}$$

$$y_{ijk} = \mu + u_{i..} + u_{ij.} + e_{ijk}$$

종단면(longitudinal) 데이터를 활용한 HLM의 명령어는 xtmixed이다. 특히 개별 계층수준의 평균은 서로 다르다는 것을 가정하고 분석한다.

ref.) 종단면 데이터와 시계열 데이터는 어떻게 차이가 있을까? 종단면 데이터는 많은 사람들의 혈압을 측정한다고 보면 되고, 패널데이터는 동일한 개체를 반복하여 측정한다고 보면 된다. 분석에 활용된 예제데이터 파일은 http://www.stata-press.com/data/r14/productivity.dta이다. 다음 두 그림은 분석개념의 이해를 돕기 위함이다.

그림 11-8 분석 체계

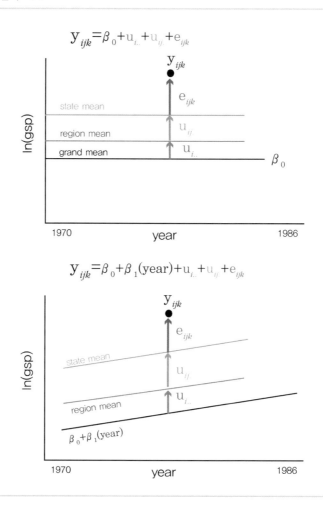

11.2 HLM 모형 추정

그림 11-9 xtmixed(region/state 고려)

```
. xtmixed gsp year, || region: || state:

Performing EM optimization:

Performing gradient-based optimization:

Iteration 0:   log likelihood = 784.65344
Iteration 1:   log likelihood = 784.65344

Computing standard errors:

Mixed-effects ML regression                    Number of obs    =      816
```

Group Variable	No. of Groups	Observations per Group		
		Minimum	Average	Maximum
region	9	51	90.7	136
state	48	17	17.0	17

```
                                       Wald chi2(1)     =   2744.49
Log likelihood =  784.65344            Prob > chi2      =    0.0000
```

gsp	Coef.	Std. Err.	z	P>|z|	[95% Conf. Interval]	
year	.0274903	.0005247	52.39	0.000	.0264618	.0285188
_cons	-43.71617	1.067718	-40.94	0.000	-45.80886	-41.62348

Random-effects Parameters	Estimate	Std. Err.	[95% Conf. Interval]	
region: Identity				
sd(_cons)	.6615238	.2038949	.3615664	1.210328
state: Identity				
sd(_cons)	.7805107	.0885788	.6248524	.9749452
sd(Residual)	.0734343	.0018737	.0698522	.0772001

```
LR test vs. linear regression:     chi2(2) =  3903.81   Prob > chi2 = 0.0000
```

Note: LR test is conservative and provided only for reference.

이미 설명한 바와 같이 앞서 모형의 절편(intercept)은 고정효과로, _cons = −43.7이다. 또한 추세선 year의 효과는 0.027이다. 이제 9개 지역 중 지역 7을 선택하여 그래프를 그려보면 다음과 같다.(아래 명령어)

```
predict GrandMean, xb
label var GrandMean "GrandMean"
predict RegionEffect, reffects level(region)
predict StateEffect, reffects level(state)
gen RegionMean = GrandMean + RegionEffect
gen StateMean = GrandMean + RegionEffect + StateEffect
```

```
twoway (line GrandMean year, lcolor(black) lwidth(thick)) ///
       (line RegionMean year, lcolor(blue) lwidth(medthick)) ///
       (line StateMean year, lcolor(green) connect(ascending)) ///
       (scatter gsp year, mcolor(red) msize(medsmall)) ///
       if region == 7, ///
       ytitle(log(Gross State Product), margin(medsmall)) ///
       legend(cols(4) size(small)) ///
       title("Multilevel Model of GSP for Region 7", size(medsmall))
```

그림 11-10 지역 7의 GSP 추세

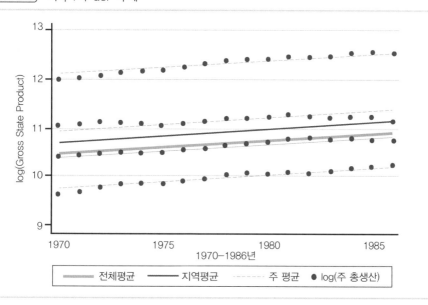

각 주(state)에 관한 점선라인의 기울기, 지역(region)에 관한 청색 라인의 기울기뿐만 아니라 전체(grand)에 관한 회색라인의 기울기가 표시되어 있다. 이렇듯 회귀선이 서로 평행한 것을 알 수 있다. 다만 경우에 따라서 평행하지 않을 수도 있다. 다시 말해 임의 변수인 연도(year)를 포함하면 별도의 회귀선을 추정할 수 있다.

$$y_{ijk} = \beta_0 + \beta_1(cyear) + u_{i..} + u_{0ij.} + u_{1ij.}(cyear) + e_{ijk}$$

year를 통제한 기울기

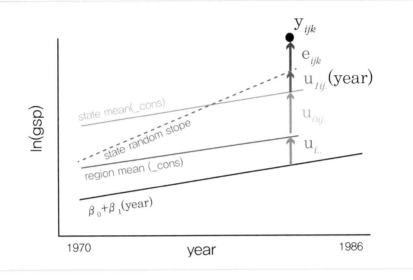

gen cyear= year−1978

xtmixed gsp cyear, || region: || state: cyear, cov(indep)

그림 11-12 분석결과

```
Performing EM optimization:

Performing gradient-based optimization:

Iteration 0:    log likelihood =    1052.295
Iteration 1:    log likelihood =    1052.295

Computing standard errors:

Mixed-effects ML regression                  Number of obs      =        816
```

Group Variable	No. of Groups	Observations per Group Minimum	Average	Maximum
region	9	51	90.7	136
state	48	17	17.0	17

```
                                              Wald chi2(1)      =     277.84
Log likelihood =    1052.295                  Prob > chi2       =     0.0000
```

gsp	Coef.	Std. Err.	z	P>|z|	[95% Conf. Interval]
cyear	.0274903	.0016492	16.67	0.000	.0242579 .0307227
_cons	10.65961	.250381	42.57	0.000	10.16887 11.15035

Random−effects Parameters	Estimate	Std. Err.	[95% Conf. Interval]	
region: Identity				
sd(_cons)	.661524	.203895	.3615665	1.210328
state: Independent				
sd(cyear)	.0111876	.0011911	.0090806	.0137836
sd(_cons)	.7806309	.0885651	.6249915	.9750286
sd(Residual)	.0469143	.0012363	.0445528	.0494011

LR test vs. linear regression: chi2(3) =   4439.09   Prob > chi2 = 0.0000

Note: LR test is conservative and provided only for reference.

위 그림과 같이 청색 편차 u_{1ij}의 크기를 알 수 있다. 이는 시간의 함수를 적용한 결과이다. 다시 말해 1978년을 기준으로 임의의 기울기를 포함하는 모형을 찾는 데 적합하다.

이미 그림에서 설명된 바와 같이 그래프를 색깔로 구분하여 도식하였다. 고정효과 부분은 단순회귀모형같이 보인다. 그러나 임의효과부분은 매우 복잡한 것을 알 수 있다. 한마디로 편차를 분할한 것과 동일하다. 또한 지역 7에 대한 임의의 기울기에 관한 그래프를 그려보면 다음과 같다(다음 명령어 참고).

```
predict GrandMean, xb
label var GrandMean "GrandMean"
predict RegionEffect, reffects level(region)
predict StateEffect_year StateEffect_cons, reffects level(state)

gen RegionMean = GrandMean + RegionEffect
gen StateMean_cons = GrandMean + RegionEffect + StateEffect_cons
gen StateMean_year = GrandMean + RegionEffect + StateEffect_cons+ ///
                (cyear*StateEffect_year)

twoway (line GrandMean cyear, lcolor(black) lwidth(thick)) ///
        (line RegionMean cyear, lcolor(blue) lwidth(medthick)) ///
        (line StateMean_cons cyear, lcolor(green) connect(ascending)) ///
        (line StateMean_year cyear, lcolor(brown) connect(ascending)) ///
        (scatter gsp cyear, mcolor(red) msize(medsmall)) ///
        if region==7, ///
        ytitle(log(Gross State Product), margin(medsmall)) ///
        legend(cols(3) size(small)) ///
        title("Multilevel Model of GSP for Region 7", size(medsmall))
```

그림 11-13 분석모형의 기울기 편차

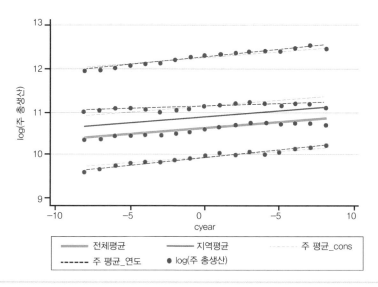

제12장

분위회귀(Quantile Regression)

12.1 분위회귀

분위회귀의 종류는 qreg, iqreg, bsqreg, sqreg로 구분된다.

그림 12-1 quantile reg 종류 및 옵션

Quantile regression

   qreg *depvar* [*indepvars*] [*if*] [*in*] [*weight*] [, *qreg_options*]

Interquantile range regression

   iqreg *depvar* [*indepvars*] [*if*] [*in*] [, *iqreg_options*]

Simultaneous-quantile regression

   sqreg *depvar* [*indepvars*] [*if*] [*in*] [, *sqreg_options*]

Bootstrapped quantile regression

   bsqreg *depvar* [*indepvars*] [*if*] [*in*] [, *bsqreg_options*]

qreg_options	Description
Model	
quantile(*#*)	estimate *#* quantile; default is **quantile**(.5)
SE/Robust	
vce([*vcetype*], [*vceopts*])	technique used to estimate standard errors
Reporting	
level(*#*)	set confidence level; default is **level**(95)
display_options	control columns and column formats, row spacing, line width, display of omitted variables and base and empty cells, and factor-variable labeling
Optimization	
optimization_options	control the optimization process; seldom used
wlsiter(*#*)	attempt *#* weighted least-squares iterations before doing linear programming iterations

vcetype	Description
iid	compute the VCE assuming the residuals are i.i.d.
robust	compute the robust VCE

vceopts	Description
denmethod	nonparametric density estimation technique
bwidth	bandwidth method used by the density estimator

denmethod	Description
<u>fi</u>tted	use the empirical quantile function using fitted values; the default
<u>res</u>idual	use the empirical residual quantile function
<u>k</u>ernel[(*kernel*)]	use a nonparametric kernel density estimator; default is epanechnikov

bwidth	Description
<u>hs</u>heather	Hall–Sheather's bandwidth; the default
<u>bo</u>finger	Bofinger's bandwidth
<u>ch</u>amberlain	Chamberlain's bandwidth

kernel	Description
<u>e</u>panechnikov	Epanechnikov kernel function; the default
epan2	alternative Epanechnikov kernel function
<u>bi</u>weight	biweight kernel function
<u>co</u>sine	cosine trace kernel function
<u>g</u>aussian	Gaussian kernel function
<u>pa</u>rzen	Parzen kernel function
<u>rec</u>tangle	rectangle kernel function
<u>tri</u>angle	triangle kernel function

bsqreg_options	Description
Model	
quantile(*#*)	estimate *#* quantile; default is quantile(.5)
<u>r</u>eps(*#*)	perform *#* bootstrap replications; default is reps(20)
Reporting	
<u>l</u>evel(*#*)	set confidence level; default is level(95)
display_options	control columns and column formats, row spacing, line width, display of omitted variables and base and empty cells, and factor-variable labeling

Options for qreg

⌐ Model ⌐

quantile(#) specifies the quantile to be estimated and should be a number between 0 and 1, exclusive. Numbers larger than 1 are interpreted as percentages. The default value of 0.5 corresponds to the median.

⌐ SE/Robust ⌐

vce([vcetype], [vceopts]) specifies the type of VCE to compute and the density estimation method to use in computing the VCE.

vcetype specifies the type of VCE to compute. Available types are iid and robust.

vce(iid), the default, computes the VCE under the assumption that the residuals are independent and identically distributed (i.i.d.).

vce(robust) computes the robust VCE under the assumption that the residual density is continuous and bounded away from 0 and infinity at the specified quantile(); see Koenker (2005, sec. 4.2).

vceopts consists of available *denmethod* and *bwidth* options.

denmethod specifies the method to use for the nonparametric density estimator. Available methods are fitted, residual, or kernel[(*kernel*)], where the optional *kernel* must be one of the kernel choices listed below.

fitted and residual specify that the nonparametric density estimator use some of the structure imposed by quantile regression. The default fitted uses a function of the fitted values and residual uses a function of the residuals. vce(robust, residual) is not allowed.

kernel() specifies that the nonparametric density estimator use a kernel method. The available kernel functions are epanechnikov, epan2, biweight, cosine, gaussian, parzen, rectangle, and triangle. The default is epanechnikov. See [R] kdensity for the kernel function forms.

bwidth specifies the bandwidth method to use by the nonparametric density estimator. Available methods are hsheather for the Hall–Sheather bandwidth, bofinger for the Bofinger bandwidth, and chamberlain for the Chamberlain bandwidth.

Options for qreg

_____⌐ Model ⌐_____

quantile(#) specifies the quantile to be estimated and should be a number between 0 and 1, exclusive. Numbers larger than 1 are interpreted as percentages. The default value of 0.5 corresponds to the median.

_____⌐ SE/Robust ⌐_____

vce([vcetype], [vceopts]) specifies the type of VCE to compute and the density estimation method to use in computing the VCE.

  vcetype specifies the type of VCE to compute. Available types are iid and robust.

   vce(iid), the default, computes the VCE under the assumption that the residuals are independent and identically distributed (i.i.d.).

   vce(robust) computes the robust VCE under the assumption that the residual density is continuous and bounded away from 0 and infinity at the specified quantile(); see Koenker (2005, sec. 4.2).

Options for bsqreg

_____⌐ Model ⌐_____

quantile(#) specifies the quantile to be estimated and should be a number between 0 and 1, exclusive. Numbers larger than 1 are interpreted as percentages. The default value of 0.5 corresponds to the median.

reps(#) specifies the number of bootstrap replications to be used to obtain an estimate of the variance–covariance matrix of the estimators (standard errors). reps(20) is the default and is arguably too small. reps(100) would perform 100 bootstrap replications. reps(1000) would perform 1,000 replications.

_____⌐ Reporting ⌐_____

level(#); see [R] estimation options.

display_options: noci, nopvalues, noomitted, vsquish, noemptycells, baselevels, allbaselevels, nofvlabel, fvwrap(#), fvwrapon(*style*), cformat(%*fmt*), pformat(%*fmt*), sformat(%*fmt*), and nolstretch; see [R] estimation options.

```
. use http://www.stata-press.com/data/r14/twogrp.dta

. list
```

	x	y
1.	0	0
2.	0	1
3.	0	3
4.	0	4
5.	0	95
6.	1	14
7.	1	19
8.	1	20
9.	1	22
10.	1	23

분위회귀는 OLS와는 다르다고 할 수 있다. OLS는 평균(mean)을 활용한다면 분위회귀는 중위값(median)을 활용하기 때문이다. 또한 분위회귀시 분위를 지정하지 않으면 0.5로 지정된다(default). 이제 qreg를 실행해보자.

그림 12-2 qreg 추정

```
. qreg y x
Iteration  1:  WLS sum of weighted deviations =  60.941342

Iteration  1: sum of abs. weighted deviations =       55.5
Iteration  2: sum of abs. weighted deviations =        55

Median regression                            Number of obs =        10
  Raw sum of deviations      78.5 (about 14)
  Min sum of deviations          55           Pseudo R2     =    0.2994
```

y	Coef.	Std. Err.	t	P>|t|	[95% Conf. Interval]	
x	17	18.23213	0.93	0.378	-25.04338	59.04338
_cons	3	12.89207	0.23	0.822	-26.72916	32.72916

이미 설명한 바와 같이 분위구간을 정해주지 않으면 0.5로 설정하여 분석하게 된다. 여기서 14가 y의 중위값이며, 편차의 합은 78.5임을 알 수 있다. 또한 유추할 수 있는 수식은

$$y_{median} = 3 + 17_X = 55, \ pseudo - R^2 = 1 - 55/78.5 \approx 0.2994$$

쉬어가기

$$pseudo - R^2 = \frac{\text{추정분위값에 관한 가중편차의 합}}{\text{원분위값에 관한 가중편차의 합}}$$

하지만 평균을 활용한 분석은 극단치(outlier)가 있으면 심각한 추정오류가 발생할 수 있다. 이미 list에서 제시한 바와 같이 10개 관측치 중에서 x가 0일 때 95와 x가 1일 때 14는 극단치에 해당된다. stata에서는 변수의 극단치가 있을 경우 rreg를 활용하면 이를 통제할 수 있다.

그림 12-3 rreg 추정

```
. rreg y x

   Huber iteration 1:  maximum difference in weights = .7311828
   Huber iteration 2:  maximum difference in weights = .17695779
   Huber iteration 3:  maximum difference in weights = .03149585
Biweight iteration 4:  maximum difference in weights = .1979335
Biweight iteration 5:  maximum difference in weights = .23332905
Biweight iteration 6:  maximum difference in weights = .09960067
Biweight iteration 7:  maximum difference in weights = .02691458
Biweight iteration 8:  maximum difference in weights = .0009113

Robust regression                        Number of obs    =        10
                                         F(  1,        8) =     80.63
                                         Prob > F         =    0.0000

-------------------------------------------------------------------------
          y |    Coef.   Std. Err.      t    P>|t|    [95% Conf. Interval]
------------+------------------------------------------------------------
          x |  18.16597   2.023114    8.98   0.000    13.50066    22.83128
      _cons |  2.000003   1.430558    1.40   0.200   -1.298869    5.298875
-------------------------------------------------------------------------
```

qreg와 rreg는 중심화 경향에 있어 추정치(coef.)는 유사하지만 표준오차는 다르다.

이제 sys auto 데이터를 활용하여 qreg, 분위값 75%를 기준으로 분석하는데, 실제 분석시 옵션으로 quantile (.75)을 지정하지 않으면 중위값(quantile (.5))으로 분석된다. 이렇듯 quantile 비율별로 구분하여 추정할 수 있게 된다.

그림 12-4 qreg 추정(quantile 적용)

```
. qreg price weight length foreign, quantile(.75)
Iteration  1:  WLS sum of weighted deviations =  55465.741

Iteration  1: sum of abs. weighted deviations =  55652.957
Iteration  2: sum of abs. weighted deviations =  52994.785
Iteration  3: sum of abs. weighted deviations =  50189.446
Iteration  4: sum of abs. weighted deviations =  49898.245
Iteration  5: sum of abs. weighted deviations =  49398.106
Iteration  6: sum of abs. weighted deviations =  49241.835
Iteration  7: sum of abs. weighted deviations =  49197.967

.75 Quantile regression                        Number of obs =          74
  Raw sum of deviations 79860.75 (about 6342)
  Min sum of deviations 49197.97                Pseudo R2      =      0.3840
```

price	Coef.	Std. Err.	t	P>|t|	[95% Conf. Interval]	
weight	9.22291	1.785767	5.16	0.000	5.66131	12.78451
length	-220.7833	61.10352	-3.61	0.001	-342.6504	-98.91616
foreign	3595.133	1189.984	3.02	0.004	1221.785	5968.482
_cons	20242.9	6965.02	2.91	0.005	6351.61	34134.2

실제 분석결과를 제시하지는 않았지만 quantile 0.25를 활용하여 분석했을 때보다 weight는 1.832에서 9.223으로 더욱 중요한 변수로 판명되었고, length는 2.846에서 -220.783으로 부정적 영향변수로 판명되었다.

그림 12-5 qreg 추정(robust 적용)

```
. qreg price weight length foreign, vce(robust)
Iteration  1:  WLS sum of weighted deviations =  56397.829

Iteration  1: sum of abs. weighted deviations =    55950.5
Iteration  2: sum of abs. weighted deviations =  55264.718
Iteration  3: sum of abs. weighted deviations =  54762.283
Iteration  4: sum of abs. weighted deviations =  54734.152
Iteration  5: sum of abs. weighted deviations =  54552.638
note:  alternate solutions exist
Iteration  6: sum of abs. weighted deviations =  54465.511
Iteration  7: sum of abs. weighted deviations =  54443.699
Iteration  8: sum of abs. weighted deviations =  54411.294

Median regression                        Number of obs =        74
  Raw sum of deviations  71102.5 (about 4934)
  Min sum of deviations 54411.29          Pseudo R2     =    0.2347
```

price	Coef.	Robust Std. Err.	t	P>|t|	[95% Conf. Interval]	
weight	3.933588	1.694477	2.32	0.023	.55406	7.313116
length	-41.25191	51.73571	-0.80	0.428	-144.4355	61.93171
foreign	3377.771	728.5115	4.64	0.000	1924.801	4830.741
_cons	344.6489	5096.528	0.07	0.946	-9820.055	10509.35

위 분석결과는 동일한 변수에 옵션으로 robust를 적용한 것이다. 독자가 알 수 있는 방법은 표준오차란에 Robust Std. Err가 표시됨을 알 수 있다.

그림 12-6 bsqreg 추정

```
. bsqreg price weight length foreign
(fitting base model)

Bootstrap replications (20)
───┼── 1 ──┼── 2 ──┼── 3 ──┼── 4 ──┼── 5
...................
```

Median regression, bootstrap(20) SEs	Number of obs =	74
Raw sum of deviations 71102.5 (about 4934)		
Min sum of deviations 54411.29	Pseudo R2 =	0.2347

price	Coef.	Std. Err.	t	P>|t|	[95% Conf. Interval]	
weight	3.933588	2.562221	1.54	0.129	-1.1766	9.043776
length	-41.25191	63.16753	-0.65	0.516	-167.2356	84.73176
foreign	3377.771	1284.204	2.63	0.010	816.5077	5939.034
_cons	344.6489	4796.936	0.07	0.943	-9222.538	9911.836

위 분석결과는 bootstrap를 적용하여 분위회귀를 구동한 결과이다. 추정치 (coef)는 좀전 분석결과와 동일하다는 것을 알 수 있다. 다만 t−통계, 유의수준, 신뢰구간 등에서 차이가 있음을 알 수 있다.

그림 12-7 bsqreg 추정(reps 적용)

```
. bsqreg price weight length foreign, reps(500)
(fitting base model)

Bootstrap replications (500)
———+——— 1 ——+——— 2 ——+——— 3 ——+——— 4 ——+——— 5
..................................................    50
..................................................   100
..................................................   150
..................................................   200
..................................................   250
..................................................   300
..................................................   350
..................................................   400
..................................................   450
..................................................   500

Median regression, bootstrap(500) SEs      Number of obs =        74
  Raw sum of deviations  71102.5 (about 4934)
  Min sum of deviations 54411.29            Pseudo R2     =    0.2347
```

price	Coef.	Std. Err.	t	P>|t|	[95% Conf. Interval]	
weight	3.933588	2.737678	1.44	0.155	-1.526539	9.393715
length	-41.25191	72.38182	-0.57	0.571	-185.6129	103.1091
foreign	3377.771	1098.449	3.08	0.003	1186.983	5568.559
_cons	344.6489	6247.207	0.06	0.956	-12115.01	12804.31

bootstrap를 적용하여 분위회귀의 reps의 기본설정은 (20)이다. 다만 위 분석 결과는 reps(500)을 적용하여 분석하였다.

그림 12-8 sqreg 추정(quantile 및 reps 적용)

```
. sqreg price weight length foreign, q(.25 .5 .75) reps(500)
(fitting base model)

Bootstrap replications (500)
─────┼─── 1 ───┼─── 2 ───┼─── 3 ───┼─── 4 ───┼─── 5
..................................................  50
..................................................  100
..................................................  150
..................................................  200
..................................................  250
..................................................  300
..................................................  350
..................................................  400
..................................................  450
..................................................  500

Simultaneous quantile regression          Number of obs =        74
  bootstrap(500) SEs                       .25 Pseudo R2 =    0.1697
                                           .50 Pseudo R2 =    0.2347
                                           .75 Pseudo R2 =    0.3840
```

price	Coef.	Bootstrap Std. Err.	t	P>|t|	[95% Conf. Interval]	
q25						
weight	1.831789	1.312323	1.40	0.167	-.7855564	4.449134
length	2.84556	29.33351	0.10	0.923	-55.65828	61.3494
foreign	2209.925	940.2127	2.35	0.022	334.7302	4085.12
_cons	-1879.775	2924.86	-0.64	0.523	-7713.224	3953.675
q50						
weight	3.933588	2.580474	1.52	0.132	-1.213005	9.080181
length	-41.25191	68.26607	-0.60	0.548	-177.4043	94.90048
foreign	3377.771	1070.02	3.16	0.002	1243.684	5511.858
_cons	344.6489	5934.593	0.06	0.954	-11491.52	12180.82
q75						
weight	9.22291	2.362833	3.90	0.000	4.510389	13.93543
length	-220.7833	79.59016	-2.77	0.007	-379.5208	-62.04572
foreign	3595.133	1131.811	3.18	0.002	1337.807	5852.459
_cons	20242.9	8619.321	2.35	0.022	3052.211	37433.6

지금까지의 분위회귀분석(qreg, bs 등)과는 달리 sqreg는 여러 개의 분위회귀 구간을 설정할 수 있다는 장점이 있다. 다만 다른 분위회귀분석과 reps( )은 동일하게 적용할 수 있다.

제13장

회귀단절모형(Regression Discontinuity)

13.1 회귀단절모형

13.1 회귀단절모형

회귀단절모형을 설명하기 위해 한 가지 예를 들어 설명해보자. 장학금이 수혜학생의 실제 성적을 향상시키는가? 장학금의 성적효과를 알아보기 위해서는 학생들에게 장학금이 무작위로 수여되어야 한다. 그러나 실상은 그러하지 못하다. 다시 말해 장학금 수혜 여부는 보통 무작위로 결정되지 않기 때문에 일반적으로 장학금을 받은 학생들이 장학금을 받지 못하는 학생에 비해 직전학기의 성적이 높을 것이다. 왜냐하면 실제로 장학금이 배정되는 기준은 직전학기의 성적을 활용하는 것이 일반적인 관행이기 때문이다. 학교마다 그 기준은 차이가 있겠지만 B+(3.5) 이상은 되어야 한다. 그렇다면 지난 학기의 평점이 3.51인 학생 A와 3.49인 학생 B가 있다고 가정해 볼 때 장학금 선정기준에 의하면 학생 A는 이번 학기에 장학금을 받게 되고, B는 받지 못하게 된다. 두 학생의 지난 학기의 평점이 매우 근소하게 차이가 나지만 장학금 수혜 여부는 확연하게 구분됨을 알 수 있다. 그러나 회귀단절모형에서는 학생 A와 학생 B의 장학금 수혜 여부가 무작위 배정과 비슷한 방식으로 결정되었을 것이라고 인식하게 된다.

회귀단절모형은 장학금 수혜 여부를 결정하는 경계값을 기준으로 일정한 범위를 정해 놓고 그 구간 내에 속한 관측치만을 활용하여 인과효과를 추정하기 때문이다. 회귀단절모형은 정책(장학금 등) 수혜 여부를 결정하는 과정에서 발생하는 경계값 근처의 불연속성을 인과효과 추정에 활용하기 때문에 정책처치의 임계치 근처의 관측치들에만 관심을 가진다.

쉬어가기: 데이터 만들기

- 데이터를 만들기 위한 매트릭스 값은 아래와 같다(상관관계 도표임).

1	0.4	0.1	0
0.4	1	0	0
0.1	0	1	0
0	0	0	1

위 매트릭스를 활용하여 데이터를 만들자.

```
clear all
mat P=(1, 0.4, 0.1, 0 | 0.4, 1, 0, 0 | 0.1, 0, 1, 0 | 0, 0, 0, 1)
drawnorm x u w1 w2,n(100000) cov(P)
gen d=(x>0)
gen y=0.5+0*d+0.3*w1+0.7*w2+u
save modellw, replace
file modellw.dta saved
```

그림 13-1 매트릭스 활용 데이터 생성

Data Editor (Edit) - [Untitled]
File Edit View Data Tools

var13[26]

	x	u	w1	w2	d	y
1	2.025588	-.1030697	-.9535146	-1.107791	1	-.6646777
2	1.042631	.4788051	-.5020306	1.551081	1	1.913953
3	.2977124	-1.777769	.8327938	1.310676	1	-.1104578
4	-1.722132	.1587716	-.3346333	1.072122	0	1.308867
5	-.7291995	.3852159	-.4721351	-.5209698	0	.3788966
6	.8618261	.7458403	.1975355	-.9057838	1	.6710523
7	-.239354	-.8099593	-.4603464	-.8270383	0	-1.02699
8	.516549	.4234216	.6219009	.5650609	1	1.505534
9	-1.812016	-.0142795	-.3109346	.0076508	0	.3977956
10	-1.015124	-2.480628	-2.039603	.8374914	0	-2.006264
11	1.095368	.6067416	-1.427813	-.7710895	1	.138635
12	1.332649	.7788592	-.4245614	-.283758	1	.9528602
13	-.360688	2.132803	-1.866713	-.0561554	0	2.03348
14	.7351056	.1525162	-.5319752	-.9608168	1	-.1796481
15	-.9614829	.1379268	.1944996	-.1091577	0	.6198662
16	.75213	-.1804606	.9864484	.4130704	1	.9046232
17	-.4666531	-.1359183	.8282154	-1.796398	0	-.6449323
18	-2.452076	-.5961798	1.308743	-.8079002	0	-.269087
19	-2.322006	.7473612	-.5558473	.4669839	0	1.407496

modellw, clear

use modellw, clear
gen x2=x^2
gen x3=x^3

reg y d x x2 x3 w1 w2 if x> −1 & x<1

Source	SS	df	MS			
				Number of obs	=	68,214
				F(6, 68207)	=	8221.30
Model	41474.9787	6	6912.49645	Prob > F	=	0.0000
Residual	57348.6762	68,207	.840803381	R-squared	=	0.4197
				Adj R-squared	=	0.4196
Total	98823.6549	68,213	1.44875104	Root MSE	=	.91695

y	Coef.	Std. Err.	t	P>|t|	[95% Conf. Interval]	
d	-.0269907	.0177436	-1.52	0.128	-.0617682	.0077868
x	.4465033	.0300749	14.85	0.000	.3875566	.5054499
x2	-.0099182	.0124681	-0.80	0.426	-.0343557	.0145193
x3	-.0282069	.0323111	-0.87	0.383	-.0915366	.0351228
w1	.2576094	.0035208	73.17	0.000	.2507086	.2645102
w2	.7015073	.0035227	199.14	0.000	.6946028	.7084119
_cons	.5159557	.0101881	50.64	0.000	.495987	.5359243

위 분석결과에 의하면, 회귀단절 추정치(d)는 0.026 수준이며, 통계적으로 유의미하지 않은 것으로 추정할 수 있다. 다시 말해 수혜 여부(d)가 성과(y)에 영향을 미치지 않는다고 할 수 있다.

그림 13-2 RD ado 파일

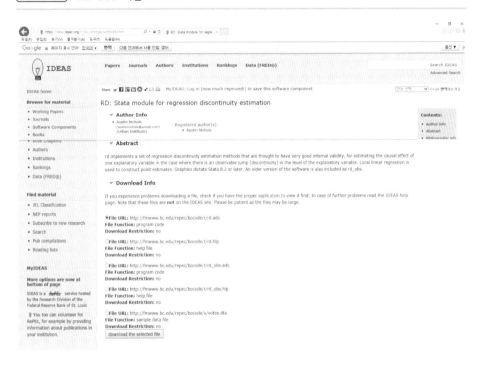

https://ideas.repec.org/c/boc/bocode/s456888.html 파일 다운로드를 클릭하면 텍스트파일이 있는데, 아래와 같이 이 파일을 복사하여 do파일 편집기에서 '다른 이름으로 저장'하면 된다(c\ado\personel).

그림 13-3 ado 파일 저장

이제 RD 모형을 추정해보자.

use modellw, clear

rd y x, gr ddens mbw(100)z0(0)

  Two variables specified; treatment is
assumed to jump from zero to one at Z=0.
  Assignment variable Z is x
Treatment variable X_T unspecified
Outcome variable y is y
  Command used for graph: lpoly; Kernel used: triangle (default)
Bandwidth: .89640016; loc Wald Estimate: −.02679892
Estimating for bandwidth .8964001577620177

bs: rd y x, mbw(100)z0(0)

Bootstrap replications (50)

.... 50

	Observed Coef.	Bootstrap Std. Err.	z	P>|z|	Normal-based [95% Conf. Interval]	
y						
lwald	−.0267989	.0213669	−1.25	0.210	−.0686774	.0150795

그림 13-4 rd 추정 결과

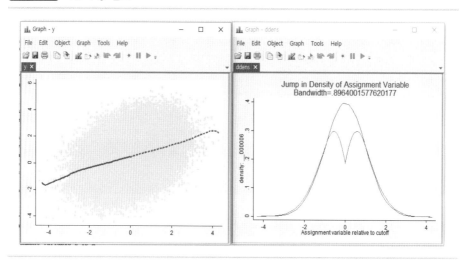

위 추정결과를 보면 회귀단절 추정치는 −0.026 수준이며, 통계적으로 유의미하지 않다. 위 그림 좌측을 보면 임계치를 기준으로 좌측 X<0에서 접근하는 개인의 성과(y0)와 우측 X>0에서 접근하는 개인의 성과(y1) 사이의 큰 차이가 없다는 것을 알 수 있다.

또한 그림 우측을 보면 임계치를 기준으로 처지 집단(X>0)과 통제 집단(X<0)의 분포를 보여 주고 있는데, 구간폭은 0.896이다. 회귀단절모형의 아이디어가 임계치 주변의 개인들에게 처치가 무작위로 배정되었다는 것이다. 따라서 임계치를 기준으로 정책수혜집단과 비수혜집단의 분포가 매우 유사하다고 할 수 있다.

부록

[부록 1] Symbols

! (not), see logical operators

!=(not equal), see relational operators

\& (and), see logical operators

* abbreviation character, see abbreviations

*, clear subcommand, [D] clear

* comment indicator, [P] comments

? abbreviation character, see abbreviations

- abbreviation character, see abbreviations

-> operator, [M-2] struct

., class, [P] class

/* */ comment delimiter, [M-2] comments, [P] comments

// comment indicator, [M-2] comments, [P] comments

/// comment indicator, [P] comments

delimiter, [P] #delimit

< (less than), see relational operators

<=(less than or equal), see relational operators

==(equality), see relational operators

> (greater than), see relational operators

>=(greater than or equal), see relational operators

~ (not), see logical operators

\char'176 abbreviation character, see abbreviations

~=(not equal), see relational operators

\orbar (or), see logical operators

자료: STATA structural equation modeling reference manual rel.15.

[부록 2] 분포표에 대한 개괄 설명

실증분석을 하다보면 가끔은 Z분포표(표준정규분포), t분포표, χ^2(chi)분포표, F분포표가 필요할 때가 있다. 경우에 따라서는 분포표 그림을 그려야 하는데, 이때 stata를 활용하면 간단하게 분포표(table)를 작성할 수 있다. 따라서 findit를 입력한 후 아래 명령어를 입력한 후 install해야 한다.

```
. findit ztable

. findit ttable

. findit chitable

. findit ftable
```

또한 아래의 명령어를 입력하면 간단하게 분포표(그림)를 그릴 수 있다. 위와 동일하게 findit를 입력한 후 아래 명령어를 입력한 후 install하는 과정이 필요하다.

```
. findit ztail

. findit tdemo

. findit chidemo

. findit fdemo
```

[부록 3] ztable. ztail .05 2 활용(95% 수준. 2tail 기준)

```
. ztable

        Areas between 0 & Z of the Standard Normal Distribution
        .00     .01     .02     .03     .04   |   .05     .06     .07     .08     .09
0.00  0.0000  0.0040  0.0080  0.0120  0.0160  | 0.0199  0.0239  0.0279  0.0319  0.0359
0.10  0.0398  0.0438  0.0478  0.0517  0.0557  | 0.0596  0.0636  0.0675  0.0714  0.0753
0.20  0.0793  0.0832  0.0871  0.0910  0.0948  | 0.0987  0.1026  0.1064  0.1103  0.1141
0.30  0.1179  0.1217  0.1255  0.1293  0.1331  | 0.1368  0.1406  0.1443  0.1480  0.1517
0.40  0.1554  0.1591  0.1628  0.1664  0.1700  | 0.1736  0.1772  0.1808  0.1844  0.1879
0.50  0.1915  0.1950  0.1985  0.2019  0.2054  | 0.2088  0.2123  0.2157  0.2190  0.2224
0.60  0.2257  0.2291  0.2324  0.2357  0.2389  | 0.2422  0.2454  0.2486  0.2517  0.2549
0.70  0.2580  0.2611  0.2642  0.2673  0.2704  | 0.2734  0.2764  0.2794  0.2823  0.2852
0.80  0.2881  0.2910  0.2939  0.2967  0.2995  | 0.3023  0.3051  0.3078  0.3106  0.3133
0.90  0.3159  0.3186  0.3212  0.3238  0.3264  | 0.3289  0.3315  0.3340  0.3365  0.3389
1.00  0.3413  0.3438  0.3461  0.3485  0.3508  | 0.3531  0.3554  0.3577  0.3599  0.3621
1.10  0.3643  0.3665  0.3686  0.3708  0.3729  | 0.3749  0.3770  0.3790  0.3810  0.3830
1.20  0.3849  0.3869  0.3888  0.3907  0.3925  | 0.3944  0.3962  0.3980  0.3997  0.4015
1.30  0.4032  0.4049  0.4066  0.4082  0.4099  | 0.4115  0.4131  0.4147  0.4162  0.4177
1.40  0.4192  0.4207  0.4222  0.4236  0.4251  | 0.4265  0.4279  0.4292  0.4306  0.4319
1.50  0.4332  0.4345  0.4357  0.4370  0.4382  | 0.4394  0.4406  0.4418  0.4429  0.4441
1.60  0.4452  0.4463  0.4474  0.4484  0.4495  | 0.4505  0.4515  0.4525  0.4535  0.4545
1.70  0.4554  0.4564  0.4573  0.4582  0.4591  | 0.4599  0.4608  0.4616  0.4625  0.4633
1.80  0.4641  0.4649  0.4656  0.4664  0.4671  | 0.4678  0.4686  0.4693  0.4699  0.4706
1.90  0.4713  0.4719  0.4726  0.4732  0.4738  | 0.4744  0.4750  0.4756  0.4761  0.4767
2.00  0.4772  0.4778  0.4783  0.4788  0.4793  | 0.4798  0.4803  0.4808  0.4812  0.4817
2.10  0.4821  0.4826  0.4830  0.4834  0.4838  | 0.4842  0.4846  0.4850  0.4854  0.4857
2.20  0.4861  0.4864  0.4868  0.4871  0.4875  | 0.4878  0.4881  0.4884  0.4887  0.4890
2.30  0.4893  0.4896  0.4898  0.4901  0.4904  | 0.4906  0.4909  0.4911  0.4913  0.4916
2.40  0.4918  0.4920  0.4922  0.4925  0.4927  | 0.4929  0.4931  0.4932  0.4934  0.4936
2.50  0.4938  0.4940  0.4941  0.4943  0.4945  | 0.4946  0.4948  0.4949  0.4951  0.4952
2.60  0.4953  0.4955  0.4956  0.4957  0.4959  | 0.4960  0.4961  0.4962  0.4963  0.4964
2.70  0.4965  0.4966  0.4967  0.4968  0.4969  | 0.4970  0.4971  0.4972  0.4973  0.4974
2.80  0.4974  0.4975  0.4976  0.4977  0.4977  | 0.4978  0.4979  0.4979  0.4980  0.4981
2.90  0.4981  0.4982  0.4982  0.4983  0.4984  | 0.4984  0.4985  0.4985  0.4986  0.4986
3.00  0.4987  0.4987  0.4987  0.4988  0.4988  | 0.4989  0.4989  0.4989  0.4990  0.4990
3.10  0.4990  0.4991  0.4991  0.4991  0.4992  | 0.4992  0.4992  0.4992  0.4993  0.4993
3.20  0.4993  0.4993  0.4994  0.4994  0.4994  | 0.4994  0.4994  0.4995  0.4995  0.4995
3.30  0.4995  0.4995  0.4995  0.4996  0.4996  | 0.4996  0.4996  0.4996  0.4996  0.4997
3.40  0.4997  0.4997  0.4997  0.4997  0.4997  | 0.4997  0.4997  0.4997  0.4997  0.4998
3.50  0.4998  0.4998  0.4998  0.4998  0.4998  | 0.4998  0.4998  0.4998  0.4998  0.4998
```

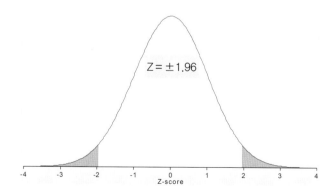

[부록 4] ttable

ttable

```
          Critical Values of Student's t
          .10      .05      .025      .01      .005      .0005    1-tail
  df      .20      .10      .050      .02      .010      .0010    2-tail
    1    3.078    6.314    12.706   31.821    63.657    636.619
    2    1.886    2.920     4.303    6.965     9.925     31.599
    3    1.638    2.353     3.182    4.541     5.841     12.924
    4    1.533    2.132     2.776    3.747     4.604      8.610
    5    1.476    2.015     2.571    3.365     4.032      6.869
    6    1.440    1.943     2.447    3.143     3.707      5.959
    7    1.415    1.895     2.365    2.998     3.499      5.408
    8    1.397    1.860     2.306    2.896     3.355      5.041
    9    1.383    1.833     2.262    2.821     3.250      4.781
   10    1.372    1.812     2.228    2.764     3.169      4.587
   11    1.363    1.796     2.201    2.718     3.106      4.437
   12    1.356    1.782     2.179    2.681     3.055      4.318
   13    1.350    1.771     2.160    2.650     3.012      4.221
   14    1.345    1.761     2.145    2.624     2.977      4.140
   15    1.341    1.753     2.131    2.602     2.947      4.073
   16    1.337    1.746     2.120    2.583     2.921      4.015
   17    1.333    1.740     2.110    2.567     2.898      3.965
   18    1.330    1.734     2.101    2.552     2.878      3.922
   19    1.328    1.729     2.093    2.539     2.861      3.883
   20    1.325    1.725     2.086    2.528     2.845      3.850
   21    1.323    1.721     2.080    2.518     2.831      3.819
   22    1.321    1.717     2.074    2.508     2.819      3.792
   23    1.319    1.714     2.069    2.500     2.807      3.768
   24    1.318    1.711     2.064    2.492     2.797      3.745
   25    1.316    1.708     2.060    2.485     2.787      3.725
   26    1.315    1.706     2.056    2.479     2.779      3.707
   27    1.314    1.703     2.052    2.473     2.771      3.690
   28    1.313    1.701     2.048    2.467     2.763      3.674
   29    1.311    1.699     2.045    2.462     2.756      3.659
   30    1.310    1.697     2.042    2.457     2.750      3.646
   35    1.306    1.690     2.030    2.438     2.724      3.591
   40    1.303    1.684     2.021    2.423     2.704      3.551
   45    1.301    1.679     2.014    2.412     2.690      3.520
   50    1.299    1.676     2.009    2.403     2.678      3.496
   55    1.297    1.673     2.004    2.396     2.668      3.476
   60    1.296    1.671     2.000    2.390     2.660      3.460
   65    1.295    1.669     1.997    2.385     2.654      3.447
   70    1.294    1.667     1.994    2.381     2.648      3.435
   75    1.293    1.665     1.992    2.377     2.643      3.425
   80    1.292    1.664     1.990    2.374     2.639      3.416
   85    1.292    1.663     1.988    2.371     2.635      3.409
   90    1.291    1.662     1.987    2.368     2.632      3.402
   95    1.291    1.661     1.985    2.366     2.629      3.396
  100    1.290    1.660     1.984    2.364     2.626      3.390
  120    1.289    1.658     1.980    2.358     2.617      3.373
  140    1.288    1.656     1.977    2.353     2.611      3.361
  160    1.287    1.654     1.975    2.350     2.607      3.352
  180    1.286    1.653     1.973    2.347     2.603      3.345
  200    1.286    1.653     1.972    2.345     2.601      3.340
```

[부록 4-1] tdemo 4(df 4 기준)

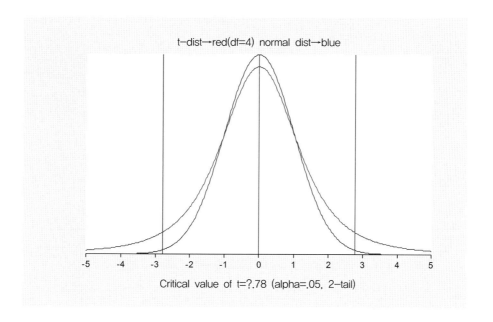

[부록 5] chitable

. chitable

```
        Critical Values of Chi-square
   df    .50      .25      .10      .05     .025      .01     .001
    1    0.45     1.32     2.71     3.84     5.02     6.63    10.83
    2    1.39     2.77     4.61     5.99     7.38     9.21    13.82
    3    2.37     4.11     6.25     7.81     9.35    11.34    16.27
    4    3.36     5.39     7.78     9.49    11.14    13.28    18.47
    5    4.35     6.63     9.24    11.07    12.83    15.09    20.52
    6    5.35     7.84    10.64    12.59    14.45    16.81    22.46
    7    6.35     9.04    12.02    14.07    16.01    18.48    24.32
    8    7.34    10.22    13.36    15.51    17.53    20.09    26.12
    9    8.34    11.39    14.68    16.92    19.02    21.67    27.88
   10    9.34    12.55    15.99    18.31    20.48    23.21    29.59
   11   10.34    13.70    17.28    19.68    21.92    24.72    31.26
   12   11.34    14.85    18.55    21.03    23.34    26.22    32.91
   13   12.34    15.98    19.81    22.36    24.74    27.69    34.53
   14   13.34    17.12    21.06    23.68    26.12    29.14    36.12
   15   14.34    18.25    22.31    25.00    27.49    30.58    37.70
   16   15.34    19.37    23.54    26.30    28.85    32.00    39.25
   17   16.34    20.49    24.77    27.59    30.19    33.41    40.79
   18   17.34    21.60    25.99    28.87    31.53    34.81    42.31
   19   18.34    22.72    27.20    30.14    32.85    36.19    43.82
   20   19.34    23.83    28.41    31.41    34.17    37.57    45.31
   21   20.34    24.93    29.62    32.67    35.48    38.93    46.80
   22   21.34    26.04    30.81    33.92    36.78    40.29    48.27
   23   22.34    27.14    32.01    35.17    38.08    41.64    49.73
   24   23.34    28.24    33.20    36.42    39.36    42.98    51.18
   25   24.34    29.34    34.38    37.65    40.65    44.31    52.62
   26   25.34    30.43    35.56    38.89    41.92    45.64    54.05
   27   26.34    31.53    36.74    40.11    43.19    46.96    55.48
   28   27.34    32.62    37.92    41.34    44.46    48.28    56.89
   29   28.34    33.71    39.09    42.56    45.72    49.59    58.30
   30   29.34    34.80    40.26    43.77    46.98    50.89    59.70
   35   34.34    40.22    46.06    49.80    53.20    57.34    66.62
   40   39.34    45.62    51.81    55.76    59.34    63.69    73.40
   45   44.34    50.98    57.51    61.66    65.41    69.96    80.08
   50   49.33    56.33    63.17    67.50    71.42    76.15    86.66
   55   54.33    61.66    68.80    73.31    77.38    82.29    93.17
   60   59.33    66.98    74.40    79.08    83.30    88.38    99.61
   65   64.33    72.28    79.97    84.82    89.18    94.42   105.99
   70   69.33    77.58    85.53    90.53    95.02   100.43   112.32
   75   74.33    82.86    91.06    96.22   100.84   106.39   118.60
   80   79.33    88.13    96.58   101.88   106.63   112.33   124.84
   85   84.33    93.39   102.08   107.52   112.39   118.24   131.04
   90   89.33    98.65   107.57   113.15   118.14   124.12   137.21
   95   94.33   103.90   113.04   118.75   123.86   129.97   143.34
  100   99.33   109.14   118.50   124.34   129.56   135.81   149.45
```

[부록 5-1] chidemo 8(df 8 기준)

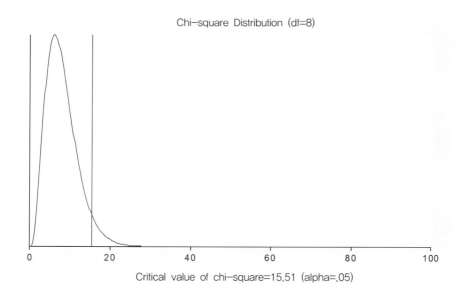

Chi–square Distribution (df=8)

Critical value of chi–square=15.51 (alpha=.05)

[부록 6] ftable(alpha = 0.05 기준)

```
. ftable

                    Critical values of F for alpha = .05
        1       2       3       4       5    |    6       7       8       9      10
  1 161.45  199.50  215.71  224.58  230.16   | 233.99  236.77  238.88  240.54  241.88
  2  18.51   19.00   19.16   19.25   19.30   |  19.33   19.35   19.37   19.38   19.40
  3  10.13    9.55    9.28    9.12    9.01   |   8.94    8.89    8.85    8.81    8.79
  4   7.71    6.94    6.59    6.39    6.26   |   6.16    6.09    6.04    6.00    5.96
  5   6.61    5.79    5.41    5.19    5.05   |   4.95    4.88    4.82    4.77    4.74
  6   5.99    5.14    4.76    4.53    4.39   |   4.28    4.21    4.15    4.10    4.06
  7   5.59    4.74    4.35    4.12    3.97   |   3.87    3.79    3.73    3.68    3.64
  8   5.32    4.46    4.07    3.84    3.69   |   3.58    3.50    3.44    3.39    3.35
  9   5.12    4.26    3.86    3.63    3.48   |   3.37    3.29    3.23    3.18    3.14
 10   4.96    4.10    3.71    3.48    3.33   |   3.22    3.14    3.07    3.02    2.98
 11   4.84    3.98    3.59    3.36    3.20   |   3.09    3.01    2.95    2.90    2.85
 12   4.75    3.89    3.49    3.26    3.11   |   3.00    2.91    2.85    2.80    2.75
 13   4.67    3.81    3.41    3.18    3.03   |   2.92    2.83    2.77    2.71    2.67
 14   4.60    3.74    3.34    3.11    2.96   |   2.85    2.76    2.70    2.65    2.60
 15   4.54    3.68    3.29    3.06    2.90   |   2.79    2.71    2.64    2.59    2.54
 16   4.49    3.63    3.24    3.01    2.85   |   2.74    2.66    2.59    2.54    2.49
 17   4.45    3.59    3.20    2.96    2.81   |   2.70    2.61    2.55    2.49    2.45
 18   4.41    3.55    3.16    2.93    2.77   |   2.66    2.58    2.51    2.46    2.41
 19   4.38    3.52    3.13    2.90    2.74   |   2.63    2.54    2.48    2.42    2.38
 20   4.35    3.49    3.10    2.87    2.71   |   2.60    2.51    2.45    2.39    2.35
 21   4.32    3.47    3.07    2.84    2.68   |   2.57    2.49    2.42    2.37    2.32
 22   4.30    3.44    3.05    2.82    2.66   |   2.55    2.46    2.40    2.34    2.30
 23   4.28    3.42    3.03    2.80    2.64   |   2.53    2.44    2.37    2.32    2.27
 24   4.26    3.40    3.01    2.78    2.62   |   2.51    2.42    2.36    2.30    2.25
 25   4.24    3.39    2.99    2.76    2.60   |   2.49    2.40    2.34    2.28    2.24
 30   4.17    3.32    2.92    2.69    2.53   |   2.42    2.33    2.27    2.21    2.16
 35   4.12    3.27    2.87    2.64    2.49   |   2.37    2.29    2.22    2.16    2.11
 40   4.08    3.23    2.84    2.61    2.45   |   2.34    2.25    2.18    2.12    2.08
 45   4.06    3.20    2.81    2.58    2.42   |   2.31    2.22    2.15    2.10    2.05
 50   4.03    3.18    2.79    2.56    2.40   |   2.29    2.20    2.13    2.07    2.03
 55   4.02    3.16    2.77    2.54    2.38   |   2.27    2.18    2.11    2.06    2.01
 60   4.00    3.15    2.76    2.53    2.37   |   2.25    2.17    2.10    2.04    1.99
 65   3.99    3.14    2.75    2.51    2.36   |   2.24    2.15    2.08    2.03    1.98
 70   3.98    3.13    2.74    2.50    2.35   |   2.23    2.14    2.07    2.02    1.97
 75   3.97    3.12    2.73    2.49    2.34   |   2.22    2.13    2.06    2.01    1.96
 80   3.96    3.11    2.72    2.49    2.33   |   2.21    2.13    2.06    2.00    1.95
 85   3.95    3.10    2.71    2.48    2.32   |   2.21    2.12    2.05    1.99    1.94
 90   3.95    3.10    2.71    2.47    2.32   |   2.20    2.11    2.04    1.99    1.94
 95   3.94    3.09    2.70    2.47    2.31   |   2.20    2.11    2.04    1.98    1.93
100   3.94    3.09    2.70    2.46    2.31   |   2.19    2.10    2.03    1.97    1.93
125   3.92    3.07    2.68    2.44    2.29   |   2.17    2.08    2.01    1.96    1.91
150   3.90    3.06    2.66    2.43    2.27   |   2.16    2.07    2.00    1.94    1.89
175   3.90    3.05    2.66    2.42    2.27   |   2.15    2.06    1.99    1.93    1.89
200   3.89    3.04    2.65    2.42    2.26   |   2.14    2.06    1.98    1.93    1.88
225   3.88    3.04    2.64    2.41    2.25   |   2.14    2.05    1.98    1.92    1.87
250   3.88    3.03    2.64    2.41    2.25   |   2.13    2.05    1.98    1.92    1.87
275   3.88    3.03    2.64    2.40    2.25   |   2.13    2.04    1.97    1.91    1.87
300   3.87    3.03    2.63    2.40    2.24   |   2.13    2.04    1.97    1.91    1.86
400   3.86    3.02    2.63    2.39    2.24   |   2.12    2.03    1.96    1.90    1.85
500   3.86    3.01    2.62    2.39    2.23   |   2.12    2.03    1.96    1.90    1.85
600   3.86    3.01    2.62    2.39    2.23   |   2.11    2.02    1.95    1.90    1.85
700   3.85    3.01    2.62    2.38    2.23   |   2.11    2.02    1.95    1.89    1.84
```

[부록 6-1] fdemo 4 32(df1 (분자) 4, df2 (분모) 32 기준)

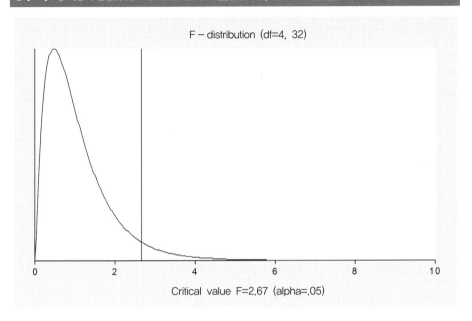

ref.) ftable 명령어를 입력하면 alpha의 default 값이 0.05로 지정된다.
만약에 alpha 값을 0.01로 지정하려면 아래와 같은 명령어를 입력하면 된다.

. ftable, alpha(.1)

| 참고문헌 |

Angrist J.D. & Pischke. J. S. (2009). Mostly Harmless Econometrics: An Empiricist's Companion. Princeton University Press.

Arellano, M. (2003). Panel Data Econometrics. Oxford: Oxford University Press.

Arellano, M. and Bover, O. (1995). Another look at the instrumental-variable estimation of error-components models. *Journal of Econometrics*, 68: 29-51.

Arellano, M., and S. Bond. (1991). Some tests of specification for panel data: Monte Carlo evidence and an application to employment equations. *Review of Economic Studies*, 58: 277-297.

Baltagi, B. H. (2008). Econometric Analysis of Panel Data. 4th ed. New York: Wiley.

Baltagi, B. H. (1989). Applications of a necessary and sufficient condition for OLS to be BLUE, *Statistics & Probability Letters*, 8: 5: 457-461.

Beck, Nathaniel and Katz, Jonathan. (1995). What to do (and not to do) with Time−Series Cross−Section Data. *American Political Science Review.* 89(3): 634−647.

Blundell, R., and S. Bond. (1998). Initial conditions and moment restrictions in dynamic panel data models. *Journal of Econometrics*, 87: 115-143.

Card, D. & Krueger, A.B.(1994). minimum wages and employment: a case study of fast−food industry in New Jesey and Pennsylvania. *American Economic Review*, 84(4): 772−793.

Greene, W. H. (2012). Econometric Analysis. 7th ed. Upper Saddle River, NJ: Prentice Hall.

Hamilton, L. C. (2012). Statistics with STATA: VERSPN12. Cengage Learning.

Hansen, L. P. (1982). Large sample properties of generalized method of moments estimators. *Econometrica*, 50: 1029-1054.

Kennedy, Peter. (2003). A Guide to Economics (Fifth edition). Messachusette: Cambridge The MIT Press.

Kutner, Nachtsheim, Neter. (2004). Applied Linear Regression Models, 4th edition, McGraw-Hill Irwin.

Paul, D. Allison. (1998). Multiple regression. Pine forge.

Smith, J. A., & Todd, P. E. (2005). Does matching overcome LaLonde's critique of nonexperimental estimators?. *Journal of econometrics*, 125(1), 305−353.

Windmeijer, F. (2005). A finite sample correction for the variance of linear efficient two-step GMM estimators. *Journal of Econometrics*, 126: 25-51.

Wooldridge, Jeffrey M. (2015). Introductory econometrics: a modern approach, Fifth Edition. Cengage Learning.

StataCorp. (2015). Datasets for Stata Longitudinal-Data/Panel-Data Reference Manual, Release 14, Stata press.

StataCorp. (2015). Stata Treatment−Effects Reference Manual, Release 14, Stata press.

StataCorp. (2015). Stata Base Reference Manual, Release 14, Stata press.

정성호. (2016). STATA 친해지기. 박영사.

| 찾아보기 |

저자 약력

정성호
한국재정정보원 연구위원
jazzsh@daum.net

STATA 더 친해지기

초판발행	2017년 2월 24일
중판발행	2018년 3월 9일
지은이	정성호
펴낸이	안종만
편 집	배근하
기획/마케팅	송병민
표지디자인	권효진
제 작	우인도·고철민
펴낸곳	(주) 박영사
	서울특별시 종로구 새문안로3길 36, 1601
	등록 1959. 3. 11. 제300-1959-1호(倫)
전 화	02)733-6771
f a x	02)736-4818
e-mail	pys@pybook.co.kr
homepage	www.pybook.co.kr
ISBN	979-11-303-0415-1 93310

정 가   19,000원